KB080066

날씨 기계

날씨 기계

The Weather Machine

우리는 어떻게 미래를 내다보는가?

에이도스

미카와 피브에게

아마도 아득한 미래의 어느 날에는 날씨의 진행보다 계산 능력이 더 빨라질 것이고, 또한 정보 습득으로 인한 비용보다 더 싼 비용으로 가능할 것이다. 하지만 아직은 꿈일 뿐이다.

- 루이스 프라이 리처드슨, 1922년

목차

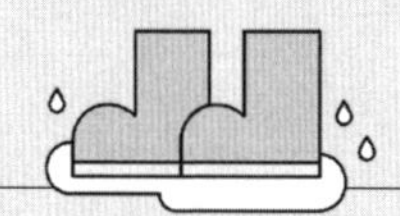

3부
시뮬레이션

4부
보존

프롤로그

2012년 시월, 우리 아들이 갓난아기이던 무렵이다. 나는 꼼꼼하게 시간을 기록하면서, 하루하루 한 달 한 달 변해가는 아기의 모습을 지켜보았다. 또한 트위터에도 많은 시간을 쏟고 있었다. 아기를 안고 흔들의자에 앉아 있으면, 세상은 내 엄지손가락 밑에서 흔들거렸다. 바로 그 자세로 어느 일요일 오후 나는 기상캐스터들이 기겁을 하는 모습을 보았다. 이른바 '유럽 모형'을 가장 최근에 실행한 결과가 나오자, 기상 캐스터들이 발작을 일으켰던 것이다.

"모양을 갖춘 저기압 배치가 아직 카리브해에 형성되지 않았습니다. 그래서 상황은 유동적일 수 있습니다."

세계에서 가장 유명한 허리케인 기상 캐스터 브라이언 노크로스(Bryan Norcross)가 그날 오후에 트윗을 올렸다.

"하지만 상황이 매우 극적인지라 주의가 요구됩니다."

하늘은 청명했고, 일주일은 더 그럴 것 같았다. 하지만 휴대폰 화면상의 하늘은 아직 존재하지 않는 폭풍으로 가득 차 있었다.

이후 8일 동안 슈퍼스톰 샌디가 카리브해에 막대한 폭우를 쏟으면서 북진했다. 샌디는 따뜻한 바다를 지나며 에너지를 흡수한 다음에 왼쪽으로 급선회하여 미국 동부해안, 뉴욕시, 즉 우리를 향해 다가왔다. 우리는 폭풍이 지나갈 때까지 블라인드를 내려놓았고 (정전에 대비해) 욕조에 물을 가득 받아두었다.

폭풍은 거셌다. 벽이 흔들거렸고 유리창이 창틀에서 삐거덕거렸으며 전등불이 깜빡깜빡했다. 스마트폰 화면에는 낯선 영상들이 떴다. 브루클린 부둣가의 유리 회전목마가 마법의 바지선처럼 강에 둥둥 떠 있었다. 도심의 거리는 운하로 변했고, 가로등은 스파크를 일으키며 불이 붙었다. 뭍을 침범한 바닷물은 주택의 거실로 쏟아져 들어왔다. 발전소를 휩쓸었고, 지하철의 정교한 기계 장치를 부식시켰다. 해안가 동네는 초토화되었다. 맨해튼 중심부인 로어맨해튼(Lower Manhattan)은 기능이 마비되었다. 그야말로 재난영화의 한 장면이었다. 우리 아들이 태어난 병원에서는 의사와 간호사들이 배터리로 작동하는 모니터에 의지한 채 갓난아기 스물한 명을 옮겼다. 미국 전역에 걸쳐 샌디로 인해 147명이 사망하고 주택 65만 채가 파손되거나 소실되었으며, 총 손해액이 500억 달러를 넘었다. 뉴욕은 만신창이가 되었다. 우리는 운이 다한 것 같았다.

뉴욕은 이런 폭풍이 들이닥친 첫 번째 도시도 아니었고, 마지막 도시가 되지도 않을 터였다. 2005년에도 나는 허리케인 카트리나에 경악했다. 물리적인 파괴 때문만이 아니라, 불평등을 악화시키는 등 사회에 미치는 파급 효과가 너무나 컸기 때문이다. 2011년에는 허리케인 아이린이 미국 북동부에 새로운 종류의 폭풍이 어떤 것인지를 처음으로 실감나게 해주었다. 폭풍의 영향은 바람보다는 비에서 왔는데, 이전보다 훨씬 많은 양의 비가 이전보다 오랜 기간에 왔기에 상상도 못할 정도로 물이 높이 차올랐다.

일부 국가뿐만 아니라 전 세계에 걸쳐 이 비슷한 폭풍은 무시할 수 없을 정도로 늘어났다. 이 같은 폭풍과 광범위한 기후 변화 사이의 관련성을 캐묻는 과학계의 논쟁이 불붙었으며, 일반 대중들도 현실에서 문제의 심각성을 뼈저리게 느꼈다. 차츰 나도 그것이 현실이며 지구가 새로운 시대에 접어들었음을 실감했다. 기록적인 더위와 추위, 이상한 방향으로 진행되는 계절, 이전보다 모든 면에서 변동이 심한 날씨. 이 모두가 예견된 대로였다.

그리고 전부 예측된 대로였다. 폭풍이 이전과 달라졌는데, 그 변화 또한 예상된 바였다. 일기예보도 뭔가 달라졌다. 폭풍 예보가 오랫동안 떠들썩하게 방송되자, 심지어 하늘에 구름이 드리우기도 전에 빵 가게가 텅텅 비고 학교가 문을 닫았다. 케이블 텔레비전 그리고 이어서 SNS도 저마다의 소식을 쉴 새 없이 만들어냈다. 빈 수레가 요란했던 것은 아니었다. 폭풍은 실제로도 더 커졌다. 그리고 확실히 우리는 폭풍을 이전보다 더 일찍 알게 되었다.

샌디를 놓고 보면 이는 분명했다. 노크로스의 첫 번째 경고는 심각성 면에서뿐만 아니라 종류 면에서도 달랐다. 여드레 전에는 "주의가 요구됩니다"라고 적었다. 마치 자기 예보에 대한 예보를 하듯이 말이다. 노크로스의 전반적인 관심사는 여느 때처럼 태풍의 경로와 잠재적인 영향이었다. 하지만 더 급한 관심은 컴퓨터 모형의 출력 결과였다. 일요일에는 이렇게 짚었다. "가장 정확한 컴퓨터 일기예보 모형들은 오늘날 놀라운 일치를 보입니다." 화요일에는 이렇게 적었다. "신뢰할 만한 일기예보 모형들이 역사적인 사건을 일관되게 예측하는 일이 비일비재합니다." 목요일이 되자 노크로스는 데프콘1 상태였고 거기서 한참 더 나갔다. "아마도 전례 없이 강력한 폭풍이 동부해안 지역을 강타할 듯한데, 그 유력한 증거는 신뢰할 만한 컴퓨터 일기예보 모형들이 '하나같이' 그렇게 예측한다는 것입니다."

노크로스와 동료들은 반구(半球)의 공간적 스케일과 일별 시간 스케일에 따라 대기의 변화 상태를 살펴보았다. 이것은 단지 우주에 위치한 위성의 사진을 통해 샌디의 변화 상태를 살펴서 다음 움직임을 예측하던 이전의 방식보다 한참 진보한 방식이었다. 미리 전 지구의 대기를 시뮬레이션하는 방식이었다. 하나의 기상 상태가 지속되는 동안, 이런 시뮬레이션들이 모여 도저히 가늠할 수 없을 것만 같은 예측이 이루어졌다. 나는 일기예보에 컴퓨터 시뮬레이션이 이용되고 있음이 실감났다. 하지만 언제부터 일기예보가 이만큼이나 좋아졌을까?

샌디가 물러간 후 몇 주가 지나자 일기예보 모형들이 유명세를 탔다. 새로운 것은 아니었지만 이전과 달리 성능이 강력해졌다. 기상학자들은 자신들이 내놓은 모형의 정확성을 판단하기 위해 '재능(skill)'이라는 용어를 사용하는데, 이 용어의 구체적인 정의는 이렇다. 어떤 장소 및 날짜에 대한 과거의 기후 평균값을 알려주는 기후학(climatology)보다 더 낫게 날씨를 예측하는 능력의 척도. 가령, 만약 뉴욕의 3월 1일의 고온 평균이 섭씨 7도라면, 이 기후학적 평균값보다 더 자주 옳아야 일기예보는 '재능이 있다'고 평가받을 수 있다.

일반적으로 말해서, 매 십 년마다 기상학자들은 하루 더 길게 올바른 예보를 할 수 있게 되었다. 무슨 말이냐면, 가령 오늘날 6일 후까지 내다보는 예보가 십 년 전에 5일 후까지 내다보는 예보만큼 정확하고, 오늘날 5일 후까지 내다보는 예보가 십 년 전에 4일 후까지 내다보는 예보만큼 정확하고, 오늘날 4일 후까지 내다보는 예보가 십 년 전에 3일 후까지 내다보는 예보만큼 정확하다. 그리고 가장 극적으로 말하자면, 오늘날 6일 후까지 내다보는 예보는 1970년대에 2일 후까지 내다보는 예보만큼 정확하다.

이 모든 성능 향상은 날씨 모형 덕분인데, 사람들은 종종 '더 빠른 슈퍼컴퓨터' 또는 '더 나은' 위성 때문이라고들 말한다. 슈퍼컴퓨터와 위성이 단순한 것이 아니듯, 그 이유 역시 그렇게 단순하지만은 않을 것 같았다. 날씨 모형은 일종의 블랙박스다. 어떻게 작동했을까? 그게 왜 어느 정도 신뢰할(또는 신뢰하지 않을)만

했을까? 누가 그걸 작동시켰고 누가 만들었을까? 나는 자세히 알아보고 싶었다.

인터넷의 물리적 기반구조—모든 데이터 센터와 해저케이블 그리고 빛으로 채워진 관(tube)들—를 다룬 이전 책을 쓰면서 알게 된 것이 있다. 바로, 아무리 복잡한 시스템이라도 결국 사람들이 만든다는 사실이다. 현실의 장소에서 존재하는 시스템은 인간의 의도에 따라 진화한다. 나는 여기저기 발품을 팔아서 물체들을 내 앞에서 살펴보았고, 시스템을 제작한 사람들과도 이야기하면서, 정말 많이 배웠다.

장담하건대 오늘날 일기예보의 원천도 이와 비슷하다. 즉, 일기예보 시스템은 복잡하고 유비쿼터스 방식으로 작동하며 긴박하게 돌아간다. 날씨를 예측하는 시스템을 침착하고 꼼꼼하게 살펴본다면—하늘만을 쳐다보는 것이 아니라 하늘을 지켜보는 기계들을 살펴본다면—미래를 내다보는 새로운 방식을 이해할 수 있을 것 같았다. 샌디에 관한 예보가 대단히 훌륭했던 이유를 알고 싶었고, 앞으로도 어떤 뛰어난 예보가 나올 수 있을지 알고 싶었다. 아울러 매일 보는 평범하고 일상적인 일기예보도 궁금해졌다. 가령, 사흘 후 네 시에 비가 온다고 했는데 놀랍게도 정확하게 옳았던 그런 일기예보 말이다.

샌디는 일기예보의 패러다임 전환을 보여주었다. 이제 일기예보는 그날그날 일어나는 인간의 통찰보다는 한 해 한 해 발전하는 컴퓨터 시뮬레이션에 더 의존한다. 미래를 내다보는 이런 일기예보가 가능할 수 있었던 까닭은 우리가 뛰어난 새로운 능력을 개발했기 때문이 아니라 뛰어난 새로운 도구를 가졌기 때문이다.

날씨를 아는 것은 아주 오래전부터 우리의 바람이었다. 수천 년 간의 소망 끝에 우리는 지구를 휘감았다. 시간을 앞서 미래의 날씨를 내다보기 위해 인공위성과 관측 장치를 실은 기구를 띄워서, 온도계와 기압계와 풍속계로, 슈퍼컴퓨터 그리고 이를 전부 하나로 연결하는 특수목적용 통신 시스템으로 지구를 뒤덮었다.

이와 같은 전 지구적인 관측과 예측의 기반 시스템, 즉 날씨 기계는 수많은 부분과 조각으로 이루어진다. 날씨 기계는 사람들이 존재 자체를 거의 알지 못하는 한 무리의 사람들, 즉 텔레비전 속 '기상 캐스터'가 아니라 대기과학자, 데이터 이론가, 위성 제작자 그리고 외교관 등 얼굴이 잘 드러나지 않는 사람들이 구상하고 지속적으로 발전시켜왔다. 더군다나 날씨 기계는 한 나라의 정부 기관이나 기업의 업적이 아니라 국제적인 구성물이다. 치밀한 구상 하에 제작되어 지속적으로 운영되는 체계적 시스템을 통해 끊임없이 날씨를 관측하고 예측하는 과정을 반복해 온 결과다.

날씨 기계는 지난 삼백 년 동안에 고안된 거의 모든 과학적 성취에 의존하는데, 가장 대표적인 것들을 꼽자면 뉴턴 물리학, 통신 시스템, 우주비행 및 컴퓨팅이다. 특히 우리 삶에 없어서는 안 되는 통신 시스템에 의존하고 있다. 또한 인간이 다룰 수 있는 것보다 훨씬 많은 변수를 다룰 컴퓨터의 능력, 즉 연산 능력으로 인해 놀라운 성능을 발휘한다. 날씨 기계의 기술적 구성요소들은 일상생활에서 경험되는데, 가령 우산 이모티콘이나 고기압 표시가 그런 예다. 현실에서 그 둘은 흠뻑 젖는 비와 선선한 바람으로 체험된다.

날씨 기계는 경이로운 것인데도 우리는 대단하다고 여기지 않는다. 매일 접하지만 그것이 내놓는 결과를 잡담거리로나 여기고 성능이 이렇다 저렇다 평가할 뿐이다. 오늘날 다른 많은 것들처럼 과학기술의 총아인 날씨 기계는 드러난 결과만 단순할 뿐 그 안의 복잡한 작동 과정은 불가사의하기 이를 데 없다. 일기예보는 그 어느 때보다 더 정확해졌고 필요성도 커졌지만, 그 원천은 파악하기 더 어려워졌다. 우리가 만든 도구를 우리는 아직 신뢰하는 법을 배우지 못했다.

이 책은 날씨 기계가 어디에서 왔는지 그리고 어떻게 지금의 방식으로 작동하는지를 이야기한다. 위대한 힘의 주인공들에 관한 이야기다. 미래를 내다보는 창을 만든 사람들, 미래를 내다보는 시야를 계속해서 확장해가는 사람들, 기계들이 세계를 지속적으로 살피고 서로 대화할 뿐 아니라 우리에게 무엇을 하라고 알려주기까지 하는, 현대 세계의 복잡성을 우리가 더 잘 이해하게 만들어주는 사람들에 관한 이야기다. 날씨를 예측하는 능력은 인간이 지상의 삶에 적응해나가면서 발전시킨 가장 위대한 능력에 속한다. 무궁무진한 이야깃거리가 가득한 일기예보의 세계 속으로 들어가 보자.

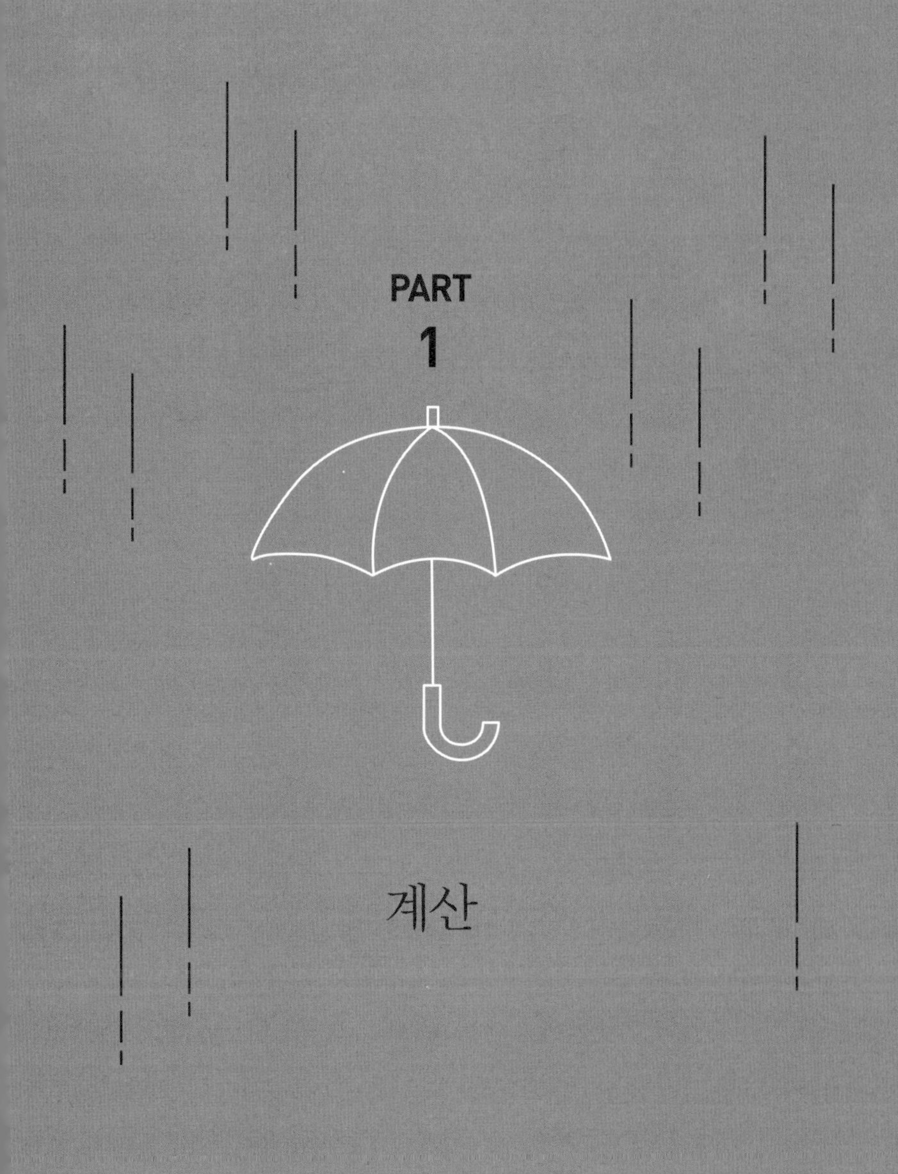

PART 1

계산

1

날씨를 계산하기

2015년 6월 어느 오후 나는 안톤 엘리아센(Anton Eliassen)의 오래된 사브 자동차에 올라탔다. 엘리아센은 노르웨이 기상연구소라고도 불리는 노르웨이 기상청의 수장이었다. 우리는 함께 오슬로 너머의 산속을 달려 한 레스토랑에 도착했다. 나무로 지어진 백 년 된 오두막 식당이었다. 당시는 노르웨이로선 봄이었는데, 짙푸른 하늘에 구름이 둥둥 떠 있었다. 구름 하나하나가 비바람을 품은 채로 허공에 떠 있는 산맥처럼 보였다. 난처한 상황이었다. 피오르와 항구가 내다보이는 야외 테라스에 엘리아센이 이미 식탁을 떡하니 차려놓았기 때문이다.

칠십에 가까운 엘리아센은 혈색이 좋았고 솔직담백해 보였다. 깔끔한 줄무늬 와이셔츠 차림에 기상청장답게 지적이면서도 느긋한 기품이 있었다. 짙은 구름 하나가 언덕을 넘어 우리 쪽으로 다가오고 있었다. 엘리아센이 코를 움찔거리더니 이렇게 말했다.

"금방 지나갈 겁니다." 아니나 다를까 구름은 산등성이 너머로 사라졌고, 다시 분위기는 화사해졌다. 햇빛 속에서 엘리아센은 갈색 빵 위의 훈제 연어를 바라보며 말했다. "아시겠지요? 노르웨이에서는 단기 일기예보가 아주 잘 맞는답니다."

여느 나라의 기상청장에게는 대수롭지 않은 농담이겠지만, 특히 노르웨이에서는 정곡을 찌르는 농담이었다. 작은 나라치고 노르웨이는 날씨에 신경을 많이 쏟는다. 그럴 만한 분명한 이유가 있었다. 이 부유한 나라는 추위와 바람의 영향을 유독 많이 받았다. 대다수 국가의 기상청이 해전(海戰) 부서의 일부로 설립된 데 반해서, 노르웨이의 기상청은 애초부터 새로운 과학적 방법들에 초점을 맞추었다. 직업 면에서나 성격 면에서나 엘리아센은 그런 전통의 계승자다.

아버지 아른트 엘리아센은 대기역학의 기본 내용을 이해하는 데 핵심적인 공헌을 했으며, 최초의 컴퓨터 날씨 모형도 연구했다. 엘리아센이 어릴 때 살던 오슬로의 집에는 유명한 과학자들이 종종 찾아와서는, 저녁 식탁에서 토론을 벌이거나 보트를 타고 바닷바람을 쐬었다. 하지만 노르웨이의 국가에도 나오는 "비바람에 단련된, 물 위의 나라"의 멋진 하늘에는 관심이 없었다. 그들은 구름 관찰자가 아니라 펜대를 굴리며 수학과 물리학을 이용해 날씨를 예측하는 법을 배우는 데 골몰했다. 이 점을 엘리아센에게 짚었더니 그도 고개를 끄덕이며 말했다.

"날씨보다는 방정식을 더 좋아하는 사람들이지요."

알고 보니 나도 그랬다. 대기와 같은 통제 불가능하고 광활한 것을 체계적으로 이해할 수 있다는 발상은 물론이고 그런 이해가 대단히 유용할 수 있다는 점이 맘에 쏙 들었다. 불가사의했던 자연 현상을 속속들이 파악해낸다는 게 놀랍기 그지없었다.

"고전물리학을 중력을 지닌 회전하는 구(求) 상의 대기에 적용하는 문제입니다." 엘리아센이 다시 입을 열었다. "멋진 문제이고말고요. 과학자들이 바로 거기에 맘을 뺏겼답니다."

그러면 날씨를 어떻게 계산할까? 어떻게—컴퓨터, 기상관측기구, 인공위성이 나오기도 전에—노르웨이 과학자들은 오늘날의 날씨 계산 모형으로 가는 길을 텄을까?

1844년 새뮤얼 모스(Samuel Morse)는 워싱턴에서 볼티모어까지 최초의 전신선을 연결하고서, 다음과 같은 유명한 질문을 전송했다. "What hath God wrought?"(그대로 옮기자면, '하나님이 무엇을 행하셨는가?'이다. 성경 민수기에 나오는 구절로서 속뜻은 '하나님이 행하신 일이 얼마나 큰가'라는 의미이다_옮긴이) 날씨를 묻자고 한 말은 아니었지만, 애초부터 전신 기사들은 그런 뜻으로 여기는 듯했다. 1848년이 되면서 미국의 전신선 길이는 2,100마일로 늘어났지만, 비만 오면 제대로 작동이 되지 않았다. 아침에 전신국에 출근한 전신 기사는 다른 도시에 있는 상대방 전신 기사에게 그곳 날씨와 전신선의 작동 여부를 늘 확인했다. 전신기사 데이비드 브룩스는 이렇게 회고했다.

"신시내티 쪽에서 세인트루이스로 향하는 전신선이 비로 인해 끊겼다는 소식이 들어오면, '북동쪽에 있던' 폭풍이 다가오고 있음이 확실했다." 미시간 주에서는 젭타 호머 웨이드라는 한 기사가 게시판에 날씨 예측을 적었는데, "대단히 정확해서 감탄을 불러일으킬 정도"였던 것으로 유명했다. 일단 소식이 바람보다 더 빠르게 전달될 수 있게 되면, 바람은 더 이상 놀랄 거리가 아니다.

우리는 전보가 세계를 좁게 만들었다고 여기는 경향이 있다. 카를 마르크스의 유명한 표현대로 전보가 "시간과 공간을 소멸시켰다"고 말이다. "거리와 시간이 워낙 많이 달라져서 우리는 사실상 지구의 크기가 줄어들었다고 여길 정도인지라, 지구의 크기에 대해 분명 우리는 선조들과 확연히 다르게 여긴다." 전신엔지니어협회의 회장인 조지아 라티머 클라크(Josiah Latimer Clark)의 이 말은 현대의 삶을 규정하는 개념을 잘 드러내준다.

하지만 날씨에서만큼은 전보가 정반대 효과를 일으켰다. 시간과 공간을 '창조해낸' 것이다. 정보가 먼 거리에 걸쳐 교환될 수 있게 되자마자, 따로 나뉘어 있던 하늘의 구역들은 퍼즐처럼 하나로 합쳐질 수 있게 되었다. '날씨'는 더 이상 지구상의 한 특정 장소의 상태가 아니라 드넓은 영역에 걸친 날씨 '패턴'을 가리켰다. 이제 날씨는 개인의 경험을 넘어섰다. 과학저술가 제임스 글릭은 이렇게 말했다. 날씨는 "각 지역의 놀라운 상태들의 모음이라기보다는 서로 연결된 광범위한 하나의 사건"이 되었다. 날씨는 더 이상 해나 비가 아니라 드넓은 영역을 대상으로 한, 합리적이면서도 상상력이 풍부하게 구성된 전망이었다. 날씨는 미풍을 뜻하는 만큼이나 지도를 뜻하게 되었다.

예술비평가이자 에세이 작가 존 러스킨은 기상도의 본질을 꿰뚫은 초기 인물이다. 그는 기상도가 전 세계를 다룰 수 있도록 넓어지면 어떤 일이 생길지 알았다. 1839년에 쓴 글에서 러스킨은 "체계적이고 동시적인 관측을 위한 완벽한 시스템"을 구상하고선, 이를 가리켜 거창하게 "광대한 기계"라고 이름 붙였다.

한때 "미국 초원의 고독한 거주자로서 폭풍이 지나가는 모습을 관찰하던" 러스킨은 나중에 자신이 하나의 강력하고 거대한 정신—하나의 커다란 눈으로 들어오는 한 줄기 빛—의 일부임을 알게 된다. 러스킨이 글을 쓰던 시대에는 전보가 존재하지 않았다. 하지만 그는 옥스퍼드 대학에 다니던 갓 스물한 살 된 학생이었을 때 이미 알아차렸다. 통신 기술이 날씨뿐만 아니라 세계에 대한 우리의 인식을 바꾸게 될 것을. 러스킨은 이렇게 썼다.

"기상학자는 혼자서는 무용지물이다. 하나의 지점에 대한 관측은 쓸모없다. 아니 그와 같은 관측들을 통해 이끌어낸 추측은 반드시 넓은 공간을 대상으로 삼아야 한다." 러스킨의 광대한 기계는 인간과 기술이 절반씩 합쳐진 것으로, 협력과 소통을 기반으로 작동한다. 그가 보기에, 전보 덕분에 우리는 더 이상 목을 뺀 채 수평선 너머를 바라보지 않아도 될 터였다. 대신에 우리는—적어도 마음의 눈으로—바람과 구름을 내다보면서 공간을 항해할 것이다.

많은 장소의 날씨를 한꺼번에 아는 능력이야말로, 한 장소의 날씨를 여러 시간에 걸쳐서 그리고 꼭 알고 싶은 특정한 미래의 시점에 대해 아는 단계로 나아가는 첫걸음이었다. 전보가 유행하고 나자 기상학자들은 자기의 일이 현실 생활에서 요긴해졌음을 알았다. 역사학자 제임스 로저 플레밍(James Rodger Fleming)의 표현대로, 그 분야는 이제 "기후 과학에서 기상 서비스로" 변모했다.

1848년 스미스소니언 협회는 기상 관측 프로그램을 하나 시작했다. 새 전보 네트워크를 활용하여 악천후를 사전에 알리자는 목표였다. 협회의 새로운 본부 건물이 1855년 워싱턴디시의 내셔널몰(National Mall)에 문을 열었을 때, 로비에 거대한 미국 지도가 걸렸다. 자원봉사자들 및 이른바 "스미스소니언 관측자"들이 전국 각지에서 들어온 날씨 소식을 전송했다. 그리고 로비에 있는 지도의 각 지역마다 날씨 소식이 적힌 포커 칩 크기의 종이 원반이 꽂혔다. 각 원반에는 색깔을 달리하여 날씨를 표시했다. 흰색은 맑음, 검은색은 비, 갈색은 구름 그리고 푸른색은 눈을 뜻했다. 1858년에 스미스소니언 협회의 임원들은 이렇게 보고했다. "이 지도는 방문객들에게 멀리 있는 친구들이 경험하고 있는 각종 날씨를 전시해준다는 점에서 흥미로울 뿐 아니라, 날씨가 어떻게 변할지를 단번에 예상하게 해준다는 점에서 중요하다."

그때까지만 해도 날씨가 전국에 걸쳐 어떻게 움직이는지에 관한 전반적인 내용만 드러났을 뿐, 폭풍이 어떻게 생성되고 발전하는지는 거의 이해하지 못했다. 하지만 어쨌거나 전일적 관점에서 시도된 흥미진진한 결과였으며, 일종의 날씨 기계의 전신이었다. 스미스소니언 지도는 오늘날의 기상 시스템의 아날로그 버전이라고 할 수 있는데, 마치 비행기의 도착과 출발 시간을 분필로 적는 초창기 공항의 직원과 비슷했다. 게다가 오늘날의 수억 건의 관측 내용에 비해, 입수되는 관측 자료도 고작 수십 건에 불과했다. 하지만 가능성이 크게 높아지자 세간의 이목을 끌었다.

스미스소니언 지도는 기념비적인 업적이 되었다. 역사학자 리 샌들린(Lee Sandlin)은 이렇게 평가했다. "전국 각지에서 모은 정보를 매일 표시한다는 것은 미국이 여기저기 흩어진 고립된 공동체들의 집합에서 벗어나 서로 연결된 하나의 국가가 되어간다는 상징이었다." (그 통합은 둘로 분열되고 말았다. 남북전쟁으로 인해 북쪽과 남쪽의 전신망이 단절되자, 기상 관측의 흐름이 멈추었고 지도는 절반이 비게 되었다.)

이 관측 시스템은 아직 체계적인 예측 시스템으로 발전하지는 못했다. 그러나 얼마 후 한 비극적인 사건을 계기로, 최초의 일상적인 분산 예측 시스템이 영국에서 시작되었다. 증기선 로열 차터(Royal Charter)호가 1859년 웨일스에서 좌초되었는데, 난파 상황을 구경꾼들이 절벽 위에서 지켜보았다고 한다. 찰스 디킨스가 묘사한 바에 따르면, 구경꾼들은 "우중충하게 흐린 아침에 안타까움에 젖은 마음으로 세찬 바닷바람에 몸을 웅크린 채 절벽 위에 서 있었는데, 진눈깨비와 물보라가 몰아닥칠 때면 번번이 숨도 막혔고 시야도 막혔다." 거의 오백 명에 달하는 승객 중 마흔한 명만이 살아남았다.

이런 사고가 벌어지자 로버트 피츠로이(Robert Fitzroy)—찰스 다윈이 타고 탐사여행을 떠났던 비글호의 선장이었던 사람—가 행동에 나섰다. 얻을 수 있는 기상 관측 자료는 뭐든 수집한 피츠로이는 무역부—여기에서 그는 기상 통계학자를 맡았다—의 동료들과 함께 영국을 지나는 폭풍의 경로를 시간별로 나타낸 그림을 그렸다. 여기에는 기압과 기온의 변화가 표시되어 있었다.

피츠로이는 이 새로운 종류의 지도를 "종관일기도(Synoptic Chart)"라고 불렀으며, 관측 자료가 많아져서 날씨를 미리 더 잘 알 수 있기를 바랐다. 백 년 후에나 나올 기술을 일찌감치 내다본 것이다. "새의 눈"보다 훨씬 더 광범위한 이 종관일기도는 "마치 하늘에 떠 있는 눈이 북대서양을 한꺼번에 내려다보는 듯하다"고 피츠로이는 적었다. 러스킨이 "광대한 기계"를 상상한 지 고작 이십 년 후에 그리고 전보가 실제로 쓰이기 시작한 지 고작 십오 년 후에, 그것은 (좁은 지역만이 아니라 넓은 영역에 걸쳐) 사람을 살리는 데 쓰이고 있었다.

종관일기도가 나타낸 날씨 패턴은 빅토리아 시대의 급증하던 증기선 운행을 보호하는 데 요긴했다. 피츠로이가 새로 설립한 기상국은 열다섯 군데의 전신국을 거느렸다. 전신국들이 매일 아침 여덟 시에 관측 정보를 런던으로 보내면, 런던은 자료를 종합하여 '일기예보'를 되돌려 보냈다. 최초로 구현된 날씨 기계가 작동하게 된 셈인데, 가장 초기의 기차처럼 초보적이긴 하지만 실용적이었다.

금세 각국 정부와 기상학자들은 더 많은 걸 바라게 되었다. 만들 수 있는 가장 큰 기계를 제작하기 시작했다. 더 많은 장소에서 얻은 더 많은 관측 자료가 필요했고, 그것을 조직적인 방식으로 수집하고 공유했다. 기술적이면서도 정치적인 프로젝트였다. 또한 산업혁명과 국제 교역의 증가로 인해, 표준화가 급속히 진행되었다.

1864년 국제측지학회는 지구의 크기와 형태를 파악하는 작업에 착수했다. 1874년 만국우편연합이 결성되었다. 1875년에는 미터협약에 의해 미터법이 측정의 전 세계적 표준 단위로 정해졌다. 이런 배경 하에서, 이후 국제기상기구(International Meteorological Organization)가 된 첫 번째 회의가 1873년 빈에서 개최되었다. 스무 개 국가의 스물세 대표가 참석했다. 주로 과학자이자, 갓 설립된 기상청의 책임자였다.

기본적인 추진 활동은 기상 관측 자료의 국제적 교환을 시작하는 일이었다. 왕립네덜란드기상연구소(네덜란드 기상청)의 설립자이자 국제기상기구의 초대 총장인 크리스토포루스 보이스 발로트(Christophorus Buys Ballot)의 표현대로, "섬이라든가 지표면의 멀리 떨어진 지점의 관측소"를 이용하여 얻은 관측 자료를 공유하는 일이었다.

외교적 과제는 애초부터 명백했다. 만약 각국이 저마다의 기상 관측 시스템을 세운 다음에 그 시스템들을 하나의 시스템으로 결합시키려 한다면, 표준과 규약 및 규칙이 필요했다. 대표단들은 10도 만큼의 위도와 경도로 둘러싸인 사각형 구역마다 두 개의 관측소가 있어야 한다는 데 합의했다. 하지만 그 외에도 논의해야 할 내용이 산더미였다.

'우량계의 가장 좋은 형태와 크기와 노출 방식은 무엇인가? 하루 중 어느 시각에 강우량을 측정해야 하는가? 동일한 관측 시간을 도입할 수 있을 것인가? 어떤 방식으로 하늘의 구름 비율을 추산하고 표시해야 하는가?'

첫 회의의 참석자들 다수는 만국공통어인 에스페란토어 지지자가 되었는데, 우연의 일치가 아니었다. 날씨에 관한 보편적인 언어를 원했기 때문이다.

하지만 정작 할 말은 많지 않았다. 서로 교환할 관측 자료는 있었지만, 그걸 다룰 수 있는 기상학자들은 소수였다. 서로 연결된 표준화된 네트워크를 세우려고 애썼지만, 폭풍이 실제로 어떻게 변해가는지 기상학자들이 거의 모른다는 사실만 부각되었다. 기껏해야 기상 시스템은 패턴 맞추기 시스템으로 전락하고 말았다. 나중에 영국 수학자 루이스 프라이 리처드슨(Lewis Fry Richardson)은 당대의 전형적인 기상청 사무실에서 이렇게 당시 상황을 이렇게 묘사했다.

"관측소들은 현재 날씨의 요소들을 전보로 보낸다. … 이와 같은 자세한 정보들은 큰 지도상의 각 위치에 표시된다." 일기 예보관들은 현재 상태와 닮은 이전의 지도를 훑어본 다음에, 거기서부터 미래의 상태에 대해 (리처드슨의 표현에 따르면) "추측을 했다. 과거에 대기가 어땠으니, 지금 다시 어떻게 될 것이고. … 말하자면 대기의 과거 이력이 현재 상태의 전면적인 작동 모형으로 사용된다."

이 방법의 한계는 자명했다. "별, 행성 및 위성의 특정한 배치는 결코 다시 생기지 않는다고 말해야 안전할 테다." 리처드슨은 이렇게 적었다. "그렇다면 어째서 우리는 현재의 날씨 지도가 과거 날씨의 목록 속에서 정확히 표현된다고 기대할 수 있단 말인가?"

1895년, 미국 기상청의 설계자이자 미국에서 가장 유명한 기상학자 중 한 명이었던 클리블랜드 아베(Cleveland Abbe)는 그런 한계에 넌덜머리가 났다. "기상학은 한 세기 동안 모든 정부와 과학 단체의 지지를 듬뿍 받았다." 아베는《사이언스》창간호에 실은 기사에서 이렇게 운을 뗐다. 이어 "기상학은 우리나라뿐만 아니라 다른 모든 국가로부터 열정적인 지지를 받았다. 이제 우리는 다만 전보와 기상도를 사용하여 그리고 일반적인 평균 규칙을 주의 깊게 적용하여 가능한 모든 일을 하고 있지만, 대기의 특이한 움직임이 나타나면 여전히 속수무책이다."

광대한 '관찰' 기계로는 역부족이라는 이야기였다. 기상학자에게는 새로운 이해의 체계, 즉 이론이 필요했다. "기상학자들은 대기의 역학을 더 깊게 통찰하기 전까지는 결코 만족할 수 없다"고 토로한 아베는 이렇게 말을 이었다. "대기의 최신 소식을 관찰하고 보고하고 발표하기 위한 가장 완벽한 조직 이상의 무언가가 필요하다. 대기의 조건이 이전에 어땠고 지금 어떤지 아는 것으로는 충분하지 않고, 앞으로 어떨지 그리고 '왜 그런지' 알아야만 한다." 아베는 마무리 글을 통해 분발을 촉구했다. "기상학이 더욱 발전하려면 실험실과 더불어 물리학자와 수학자가 이 학문에 헌신해야 한다." 아베는 불꽃을 하나 던졌다. 불꽃은 스톡홀름에서 연구 중이던 한 노르웨이인에게 떨어졌다.

빌헬름 비에르크네스(Vilhelm Bjerknes)의 가장 유명한 초상화를 보자. 노르웨이의 베르겐에 있는 유서 깊은 부두에서 검은 우산을 쓴 채 서 있다. 얼굴은 햇살을 받아 빛나는데, 뒤로는 무거운 구름이 깔려 있다. 사진 속 비에르크네스는 머리카락이 위로 솟은 채 후광을 발하고, 턱은 가운데가 무척 뾰족하며, 눈에는 빛이 난다. 하지만 온화하며 차분해 보인다. 날씨를 내다보는 신사로서, 자신의 예측 능력에 뿌듯해하며 만족하는 듯하다.

기상학자로서는 좋은 초상화이지만, 어쩌면 조금은 부적절하기도 하다. 왜냐하면 기상학에 이바지한 그의 업적은 실증적이라기보다는 이론적이었으니 말이다. 날씨를 계산한다는 개념을 처음 제시한 인물이 바로 비에르크네스였다. 게다가 기술적인 제약이 무척 컸는데도 계산 방법을 알아낸 사람이었다.

빌헬름의 아버지 카를 안톤 비에르크네스는 아들에게 수학과 야망을 함께 심어주었다. 1881년 비에르크네스가 열아홉 살이었을 때, 부자는 국제전기박람회를 구경하러 파리에 갔다. 샹젤리제에 있는 산업궁전은 경이로운 기술들로 가득했다. 전차—이전엔 누구도 본 적이 없던 것—가 박람회 건물의 거대한 중심부를 달렸다. 토머스 에디슨은 '점보(Jumbo)'라는 별명이 붙은 20톤짜리 발전기를 가져와 전등 1,200개에 불을 밝혔다. 그리고 알렉산더 그레이엄 벨의 전화기가 방음실에 설치되어 있었다. 거기서 방문객들은 멀리 있는 오페라 하우스에서 전송되어온 실황 공연을 들을 수 있었다. "사람들의 마음에 찬탄의 거대한 불꽃이 일었다."

'격측기상기록계(telemeteograph)'가 브뤼셀의 현재 날씨를 십분마다 자동으로 인쇄했다. 박람회에 선보인 경이로운 기술들을 살펴보고서 《더 일렉트리션(The Electrician)》의 한 기고가는 전시 중인 어느 기기를 빅토리아 시대 영화에 나올 듯한 어법으로 이렇게 묘사했다. "멀리 떨어진 곳에 있는 연인이 약혼자의 귀에 달콤한 말을 속삭이고 나서, 기절초풍한 그녀의 얼굴 표정을 한동안 바라볼 수 있을 것이다. 땅과 바다의 동맹들이 가련한 두 사람을 멀찍이 떨어뜨려 놓았는데도." 새로운 기술이 품은 가능성은 무한했다.

카를 안톤 비에르크네스는 수학자였다. 십대인 아들 빌헬름을 데리고 간 까닭은 자기가 "유체역학적 유사성"이라고 명명한 것을 시연하는 일에 아들의 도움을 받기 위해서였다. 파리가 온통 전기의 '보이는' 표현으로 반짝이고 있었다면, 작은 노르웨이 부스 안에 차려진 둘의 전시 공간은 '보이지 않는' 행동에 바쳐졌다. 마술사처럼 옷소매를 걷어 올리고서 빌헬름은 유체역학과 전자기 현상의 유사성을 드러내줄 것을 시연했다. (아버지가 설계하고 아들이 제작한) 한 장치에는 "긴 팔 모양의 막대 양 끝에 진동하는 구(求)가 두 개 올려져" 있었는데, 《파퓰러 사이언스(Popular Science)》의 표현에 따르면 역기처럼 생겼다. 또 다른 장치에는 수조에 매달려 있는 구 하나가 막대에 붙어 있었고 막대 꼭대기에는 솔이 있었다. 이 솔은 "그 위에 있는 유리판에 유체가 진동할 때마다 생기는 직선을 그릴 수 있게 배치되어 있었다."

전기가 세상을 근본적으로 변화시키기 시작하던 시기였다. 도시와 거실에 불빛을 비추던 전기는 이제 여기 전시 공간에서 다른 방식으로는 보이지 않던 힘을 생생하게 보여주고 있었다. 안톤은 이렇게 썼다. "사람들이 보려고 자꾸 몰려오는 바람에 장치를 헝겊으로 닦아낼 수가 없었다." 이 장치는 아직 날씨와는 아무 상관이 없었다. 하지만 찬사를 받게 되자 빌헬름의 야망에 더욱 불이 붙었다. 그의 과학 연구는 비록 유명해지진 못할지라도 유용할 수는 있었다. 안톤 비에르크네스는 그 전시의 공로로 훈장을 받았으며, 에디슨과 그레이엄 벨 등이 포함된 수상자 명단에 오른 유일한 노르웨이인이었다.

하지만 파리의 불빛과 군중들을 뒤로 하고 다시 노르웨이로 돌아온 뒤로 아버지와 아들은 둘 다 의기소침해졌다. 안톤은 스스로 의심에 빠지는 바람에, 실험 내용을 세상에 알릴 문서를 작성하질 못했다. 빌헬름은 효심과 더불어 학문적 기회를 얻을 요량으로 작업에 착수하긴 했지만, 결실이 미미했다. 그는 파리로 돌아가서 수학자 앙리 푸앵카레와 함께 연구했다. 이어서 다시 본으로 갔는데, 하인리히 헤르츠와 함께 연구하기 위해서였다. (기가헤르츠와 같은 주파수의 단위는 바로 그 사람의 이름을 따온 것이다.) 빌헬름 비에르크네스는 동지애와 공동의 발전을 추구했지만, 뜻대로 되지 않았다. 빌헬름의 전기작가 로버트 마크 프리드먼(Robert Marc Friedman)은 당시를 이렇게 묘사했다.

"원래 예상했듯이 맥주를 곁들여 과학을 토론하며 저녁 시간을 물리학 연구소에서 보내는 대신에, 빌헬름은 맡은 과제도 동료도 없이 오랜 시간을 혼자서 지냈다." 마침내 아버지의 원고를 완성하자 빌헬름은 출판사에 호기롭게 선인세를 요구했지만, 출판사에서는 고작 책을 "선전"해준 것이 전부였다.

1880년대 후반에 한동안 빌헬름은 운명에 굴복했다. 열아홉 살 때 파리의 화려한 전시실에서 정점을 찍은 후로는 무명에 가려진 삶을 살았고, 이후로도 한참 동안이나 알맞은 시기에 알맞은 분야에서 두각을 드러내지 못하고 있었다. 그러다가 갑자기 어떤 연구로 인해 과학계의 집중조명을 받게 된다. 나중에 알고 보니, 그것은 에디슨의 찬란한 업적인 전구의 발명에 버금갈 정도로 중요한 업적이었다.

비에르크네스를 중요한 인물로 만든 것은 버려진 기구(풍선)였다. 1897년 여름 스웨덴 탐험가 S. A. 앙드레가 데인스 섬(Danes Island)에서 노르웨이 스발바르 제도의 북극권 상공으로 열기구를 띄웠다. 북극까지 날렸다가 그 너머로 어쩌면 알래스카까지 보내려는 대담무쌍한 모험이었다. 거대한 풍선—알프레드 노벨에게서 자금지원을 받아 파리에서 주문제작 되었으며 '독수리'라는 이름이 붙은 열기구—은 세 명의 승무원과 서른여섯 마리의 비둘기를 실었다. 비둘기의 꼬리 깃털에는 양피지 원통이 매달려 있었다.

앙드레가 출발한 지 나흘 후에 비둘기 한 마리가 바다표범 사냥 선박의 돛대에 내려앉았다. 하지만 이후로 독수리의 소식은 소문이자 지어낸 이야기일 뿐이었다. 사만 명이 기차역에 운집해서 앙드레를 배웅했는데, 그 광경은 한 세기 후에 감쪽같이 실종된 말레이시아 항공 370편 실종 사건과 같은 느낌을 자아냈다. 가장 격한 느낌을 받은 사람은 닐스 에크홀름(Nils Ekholm)이었다.

북극 기상학 전문가인 에크홀름은 비극적인 기구 탐사에서 중도하차했지만 동료들을 잃은 트라우마로 괴로워하던 사람이었다. 에크홀름은 중대한 질문에 답을 찾기 위해 애쓰고 있었다. 분명 기구의 운명은 바람에 달렸는데, 그렇다면 바람의 운명은 무엇에 달려 있을까? 에크홀름은 탐험 출발 며칠 전부터 날씨를 관찰했지만, 그것은 전부 지구표면의 날씨였다. 하늘—기상학자의 용어로는 '상층 대기'—에서 무슨 일이 벌어지고 있는지에 대해서는 아무런 데이터도 이론도 없었기에, 독수리 호가 어디에 도착할지는 짐작조차 어려웠다. 에크홀름이 날씨를 보는 시각은 안타깝게도 2차원적이었다.

비에르크네스는 3차원을 연구하고 있었는데, 정작 자신은 그 사실을 충분히 자각하지는 못했다. 1893년부터 비에르크네스는 신설 (그리고 명문이 아닌) 스톡홀름 단과대학에서 가르치고 있었다. 주 연구 분야도 바뀌었다. 이제는 전기가 아니라(이론적인 연구가 아니라) 응용 고전물리학을 연구하고 있었다.

특히 비에르크네스는 '순환'의 개념에 관심이 많았는데, 이것은 힘이 어떻게 한 곡선 주위로 작용하는지를 기술해준다. 순환은 압력과 밀도가 일정한 이상적인 유체에 대해서는 잘 파악

되었다. 그러나 대기는 이상적인 유체가 아니었다. 대기의 각 영역은 압력과 밀도가 서로 다르며, 이 다른 압력과 밀도가 서로에 대해 작용하여 운동을 발생시킨다. 이는 (폭풍이 생겨났다가 소멸하는 등의 현상을 통해) 기상 관측자에게 실증적으로는 명백했지만, 수학적으로 설명하려면 물리학의 한계를 넘어서는 일이었다.

비에르크네스는 때 이른 가설 하나를 개발했다. 압력과 밀도가 동일하지 않을 때, 동일하지 않은 부분들은 동일해질 때까지 서로에게 회전력을 가한다는 가정이었다. 마치 자석이 빙글 돌면서 배치를 바꾸듯이 말이다. 비에르크네스의 '순환 이론'은—적어도 이론적으로는—순환의 방향과 세기를 결정할 수 있었다. 그것이 대기(그리고 날씨)에 어떤 의미를 갖는지는 아직 구체적으로 밝혀지지 않았다. 일기예보와는 한참 거리가 있었다. 하지만 적어도 대기이론의 작은 주춧돌을 세웠다.

비에르크네스는 이 연구를 스톡홀름 물리학회의 한 강연에서 소개했다. 기상학에 그 연구가 쓰일 수 있기를 내심 기대했던 것이다. 청중 속에 있던 에크홀름은 순환 이론이 독수리 호의 운명을 판단하는 데 유용할 것이라고 생각했다. 비에르크네스는 기상학에 초보자였기에, 둘은 함께 머리를 맞댔다. 비에르크네스의 물리학 지식과 에크홀롬의 대기에 관한 지식을 합쳤던 것이다. 둘은 독수리 호가 어디에 있는지는 알아낼 수 없었지만(잔해는 삼십삼 년 동안 발견되지 않았다), 하늘을 바라볼 새로운 방법을 비유와 직관보다는 처음으로 물리학과 수학을 이용해서 논의했다.

아직 비에르크네스는 바람이 어떻게 작용하는지 추측만 할 수 있었다. 그 추측은 이제 수학 이론 덕분에 매우 유용한 추측, 즉 관찰을 통해서 증명하거나 반박할 수 있는 하나의 가설이 되었다.

이 소식이 저명한 미국 기상학자 클리블랜드 아베의 귀에 들어갔다. 아베의 도움에 힘입어 비에르크네스는 특이한 데이터 집합의 분석에 착수했다. 보스턴 근처 블루힐 관측소(Blue Hill Observatory)에서 폭풍우가 치는 동안 연을 이용해 수집된 데이터였다. 비에르크네스와 동료 J. W. 산드스트룀(Sandström)은 이 데이터로 그날 대기 구성을 3차원적으로 분석했다. 이 관측 자료를 순환 이론에 대입해보았더니, 둘이 일치했다. 대기가 그 이론대로 작동했던 것이다. 이론이 통했다.

이제 비에르크네스는 이론을 정교하게 다듬기 시작했다. 아베는 관측 자료를 더 많이 보냈는데, 이번에도 결과는 희망적이었다. 다른 기상학자들은 이론이 말하는 폭풍의 형성에 관한 세부사항—그리고 미래의 폭풍에 관해 무엇을 말할 수 있을지—을 놓고서 갑론을박했던 반면에, 비에르크네스는 더 넓은 관점에 흡족해했다. 대기 현상을 역학으로 기술할 수 있게 된 것에 기뻤던 것이다. 아베도 한껏 고무되었다. 그가 간절히 기다리던 기상학 '이론', 즉 날씨의 물리학이 마침내 등장했다.

비에르크네스는 자신이 무엇을 가졌는지 제대로 알았다. 북극 탐험가이자 당시 가장 유명한 노르웨이 사람 중 한 명인 프리티오프 난센(Fridtjof Nansen)에게 보낸 편지에서 그는 자기 프로젝트의 나아갈 길을 정확히 짚었다.

"저는 대기와 해양의 미래 상태를 예측하는 문제를 풀고 싶습니다. 그 문제가 지금껏 저의 진정한 목표임을 애써 외면했지만, 더는 숨길 수가 없습니다. 너무나 굉장한 것인데다, 제가 너무나 간절히 그 목표를 이루길 원하기 때문입니다." 비에르크네스가 정확히 간파했듯이, 이론과 관측 자료가 더 많아지면 기상학은 현대 과학이 될 수 있었다. 검증 가능하고 반복 가능하며 수학적인 학문 분야가 될 수 있었다.

하지만 오늘날에도 마찬가지이지만 기상학의 발전을 늦추는 큼지막한 과속 방지턱이 두 가지 있었다. 첫째, 비에르크네스는 대기의 현재 상태를 더 잘 살펴야 했다. 즉, 관측 자료가 더 많이 필요했다. 둘째, 대기 상태가 어떻게 변할지를 알아야 했는데, 이에 대해 순환 이론은 극히 일부만 기술했다. 대기를 이해하는 것을 가리켜 비에르크네스는 "'관측' 기상학의 주요 과제"라고 불렀다. 반면에 대기가 어떻게 변할지 이해하는 것은 "'이론' 기상학의 첫 번째 과제"였다. '관측' 면에서의 도전 과제는 비록 실행 면에서는 어렵지만 원리상으로는 단순했다. 기상학자들은 "지표면과 하늘 위, 땅 위와 바다 위에 걸쳐 대기의 모든 부분을 동시에 관측해야 할" 필요가 있다고 비에르크네스는 설명했다. 그는 "광대한 기계"를 예열하고 작동시켜야 했다.

'이론' 면에서의 도전 과제는 덜 명확했지만, 역설적이게도 비에르크네스로서는 더 실현 가능성이 높았다. 선배 과학자들—아이작 뉴턴, 레온하르트 오일러, 클로드 루이 나비에 그리고 피에르 시몬 라플라스와 같은 거물들—의 연구를 토대로 비에르크네스는 대기의 물리학을 일곱 개의 방정식으로 표현했는데, 이 방정식들에는 관측을 통해 알아내야 하는 일곱 가지 변수가 필요했다. 바로 밀도, 압력(기압), 온도, 습도 그리고 풍속(벡터량이기에 변수가 세 가지)이었다.

방정식들은 공기가 움직이며 다닐 수 있는 상이한 방식들을 그려내는 붓 같았다. 그 붓으로 굉장히 역동적인 대기의 모습을 그려낼 수 있었다. 어느 특정 순간의 정지 화면을 통해 대기의 미래 상태를 짐작할 수 있었다. 달리는 말의 정지 사진으로부터 말의 속력을 추측할 수 있듯이, 비에르크네스는 방정식으로 미래 시점의 날씨를 계산할 수 있었다. 그는 이렇게 썼다. "관측을 토대로 삼아 이론 기상학의 첫 번째 과제는 관측 시점에서 대기의 물리적 및 역학적 상태를 가능한 한 가장 명확하게 도출해내는 일이다." 대기의 "직접적으로 관측 가능한 양들"의 상태를 알아내면, "관측 가능하지 않는 양들에 관한 모든 데이터도 최대한 종합적으로 계산할" 수 있었다. 기상학자들은 관측을 통해서 대기의 "초기 상태"를 알아내서, "한 상태에서 다음 상태로의 변화"를 계산을 통해 알아낼 수 있게 되었다.

아직 비에르크네스의 방정식들은 완벽하지 않았고, 그걸 푼다고 해서 오늘날 수준의 일기예보가 가능하지도 않았다. 하지만 추가적인 관측을 통해 증명되거나 반박될 수 있는 가설 역할을 충분히 할 만큼 대기 현상을 기술해냈으며, 오늘날에도 여전히 사용되는 '기본 방정식(primitive equations)'의 바탕이 되었다. 그 연구가 직접적으로 날씨를 예상하지는 못했지만, 비에르크네스는 실로 놀라운 일을 해낸 것이다. 일기예보가 어떻게 매일 쉽게 재현 가능한 과학 실험이 될 수 있는지를 보여주었기 때문이다. 내일의 날씨를 방정식으로 풀 수 있다면, 그 다음 날의 실제 날씨를 보고서 판단이 옳았는지를 증명할 수 있으니 말이다.

하지만 비에르크네스는 내일의 날씨를 풀 수 없었다. 비에르크네스의 방정식은 현실적으로 풀기 어려운 난해한 방정식이었기 때문이다. 일곱 개 중 여섯은 편미분방정식이었는데, 비에르크네스 자신도 "오늘날의 수학적 해석 방법으로는 어림도 없다"고 시인했다. 한 술 더 떠서, 방정식들이 서로 얽혀 있었기에, 부분적인 해는 쓸모가 없었다. 바람은 온도와 압력에 의존했고, 온도와 압력 방정식은 (다른 어떤 변수보다도) 바람에 의존했다. 결국 방정식은 "실감할 수 있는" 날씨—가령, 비나 눈이 내릴지 여부를—를 전혀 알려주지 못했다. 단지 어떤 특정한 장소, 때로는 하늘 위 어느 지점의 압력과 온도를 알려줄 뿐이었다. 하지만 물리학의 원리를 이용해 날씨를 계산한다는 기본적인 발상은 결코 나무랄 수 없었다.

1904년 비에르크네스는 기상학의 가장 유명한 논문이 될 저술을 독일의 학술지 《기상학 저널(Meteorologische Zeitschrift)》에 실었다. "역학과 물리학의 관점에서 고찰한 날씨 예측의 문제"라는 제목의 논문이었다. 학계에서 크게 인정을 받긴 했지만, 실제 적용은 제한적이었다. 비에르크네스에게는 훨씬 더 많은 관측 자료가 필요했다. 여러 나라들이 지상의 기상 관측소들을 네트워크로 묶는 사업을 진척시키고는 있었으나, 높은 고도에서의 관측은 드물었고 기술적으로 어려웠다.

논문 발표 당시만 해도, 라이트 형제가 노스캐롤라이나의 킬데빌힐스(Kill Devil Hills)에서 몇 차례 비행을 했을 뿐이다. 하지만 2년 이내에 그 형제가 입증해냈듯이, 유럽 전역에 걸쳐 비행 기계의 성능이 꾸준히 향상되었다. 1910년이 되자 상업용 체펠린 비행선이 대륙을 가로지르면서 상공 관측의 플랫폼 역할을 하게 되면서, 안전상의 이유로 훨씬 더 많은 관측이 필요해졌다. 비에르크네스는 자신의 유명세를 이용하여 훨씬 더 많은 관측이 필요하다고 역설했다. 그리고 관측 자료 수집을 위해 신생 "고층기상학 학회들"이 결성되었다.

하지만 충분한 데이터 수집은 턱도 없었다. 계산을 시작할 수 있는 데 필요한 횟수만큼의 대기의 실제 관측 자료 수집은 불가능했다. 1913년 비에르크네스는 자기 방법의 성공과 더불어 직면한 난제도 솔직히 터놓았다. "광범위한 영역의 상공에서 온갖 관측 자료가 정기적으로 발표되면서 큰 문제 하나가 우리 앞에 드러났는데, 우리는 더 이상 그것을 무시할 수 없습니다." 그는 교수직을 맡고 있던 라이프치히 대학에서 행한 강연에서 목청을 돋우었다. "우리는 이론물리학 방정식을 이상적인 경우만이 아니라 현대의 관측을 통해 드러난 현실의 대기 상태에도 적용해야만 합니다." 여전히 열정에 사로잡혀 있던 그는 자신이 입문한 분야가 뒤처졌다는 사실에 통탄했다. "몇 세기 동안 천문학에서 정확한 답을 내놓은, '미래의 상태를 앞서 계산하기'를 이제는 기상학에서 가열차게 시도해야 합니다." 폭풍을 우주처럼 예측할 수 없을 이유가 뭐란 말인가?

하지만 이번에도—날씨의 경우는 늘 그랬듯이—말은 쉽지만 실제로 행하기는 어려웠다. 날씨 예측의 이 새 이론은 현실을 너무 앞서 있었다. 비에르크네스는 탄식했다. "일 년의 시간이 걸린다면, 내일의 날씨를 계산할 수 있어도 무슨 보람이 있겠습니까?"

하지만 날씨 계산에 단 하루만 걸린다면 어떻게 될까? 그러면 적어도 시작할 수는 있을 것이다.

2

예보 공장

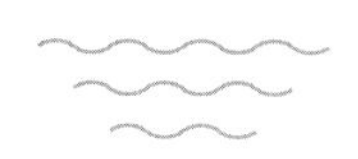

1913년 9월 비에르크네스는 편지 한 통을 받았다. 영국기상학위원회의 회장인 네이피어 쇼(Napier Shaw)가 보낸 편지였다. 쇼는 그즈음 영국 변방인 스코틀랜드 지역의 에스크데일뮤어에 있는 한 관측소에 수학자 한 명을 파견했다. 쇼는 그 수학자의 연구가 비에르크네스의 흥미를 끌지도 모른다고 생각했다. 쇼는 이렇게 썼다.

"제가 직접 듣긴 했는데, 그 수학자가 헤이그의 한 궁전이 나오는 꿈을 꾸었다고 합니다." 쇼의 글은 약간 긴가민가한 어투였다. 이 '궁전'은 콘서트홀 같은 곳으로, 오백 명을 수용할 수 있다고 한다. 가운데의 특별석에 지휘자가 있었는데, 지휘자가 날씨 관측 데이터를 읽는다고 한다. 그러면 지휘자 주변을 둘러싸고 있는 콘서트홀 내의 오백 명 전원이 손에 연필을 쥐고서 앞으로의 날씨를 계산한다. 각각의 인간 계산원이 저마다 지구의 특정 지역에 관한 계산을 담당한다. 쇼는 비에르크네스가 이 발상을 좋아하겠거니 여기고서 글을 이었다. "교수님이 이미 그런 프로그램을 시작했다는 사실을 수학자에게 설명해주고서, 교수님의 연구 내용을 잘 살펴보라고 권했습니다."

이 실용적인—적어도 절반은 실용적인—발상은 활기 넘치는 상상력에서 나왔다. 이 상상력의 주인공은 바로 1881년 10월 영국에서 태어난 루이스 프라이 리처드슨이었다. 리처드슨이 태어난 달은 십대의 비에르크네스가 국제전기박람회가 열린 파리에서 시연을 하던 달이었다. 리처드슨이 가진 능력은 전기 작가들의 표현대로 "비정통적 지능"이었다. 리처드슨은 전기 장치와 기계를 무척 좋아했고 곤충을 수집했으며 자연사 일기를 꾸준히 적었다. 일기 내용 중에는 날씨 관측도 있었다. 또한 명상하기를 좋아해서, 자칭 "의도적으로 안내된 꿈꾸기"를 스스로 시도했다. 이것은 반쯤 깨어 있고 반쯤 잠든 상태로서, "창조적 사고를 하는 데 '거의 최고의' 의식이었다."

덕분에 뜻밖의 아이디어를 얻었다. 타이타닉호가 침몰했을 때, 리처드슨은 어둠 속에서 빙산을 탐지해내는 시스템을 상상했다. 시끄러운 소리를 내는 호루라기와 반사된 소리를 포착하는 열린 우산—기본적으로 소나 장치—으로 구성된 시스템이었다.

어느 날 전구 회사에서 일하던 리처드슨은 일이 지겨워지자 SF 느낌이 나는 가상의 관리실을 스케치로 그렸다. 관리실에는 잠망경 여러 대, 회전 책상 하나 그리고 페달을 발로 누르면 기울어지면서 방문객을 방출하는 객실 하나로 이루어져 있었다. 당시에 근무하던 회사의 이름인 선빔 램프 컴퍼니(Sunbeam Lamp Company)에서 상상해낸 문빔 램프 컴퍼니(Moonbeam Lamp Company)는, 그가 공책에 기대를 품고 적었듯이, "즐거움을 업무와 결합시키기"를 신봉하는 일터였다. 두 번째 페달은 의자를 들어 올려 천장의 구멍 위로 나가게 하여 "피곤에 절은 관리자"를 옥상 정원으로 데려간다. 이것은 훗날 많은 테크 기업의 본사 건물에 실제로 구현된 아이디어였다.

하지만 리처드슨이 날씨에 관심을 가진 계기는 배수로 때문이었다. 한때 연료용 토탄(土炭)을 채취하는 회사에서 일한 그는 당시 토탄 채취용 늪지에 대한 최상의 배치 계획을 짜는 업무를 맡았다. 격자무늬나 적당히 스케치하는 선에서 그치지 않고 그는 토탄의 다공성(多孔性)과 비온 후 물의 유입을 감안하여 수학 공식을 하나 만들어냈다. 그 공식은 해를 구할 수가 없었는데, 사실은 일련의 서로 맞물린 미분방정식들로 구성되어 해를 찾으려면 수년이 걸릴 정도였다.

이에 굴하지 않은 리처드슨은 배수로의 이상적인 근사적 위치를 알아낼 노해석 방법을 개발해냈다. 방정식들을 그래프로 표현한 다음에 곡선들의 교점을 찾는 방법이었다. 이어서 문제를 다시 거꾸로 적용했다. 즉, 도해적 방법으로 찾아낸 이 '충분히 좋은' 답을 이용하여, 마치 각도기로 각도를 측정하듯이 정확한 해를 알려주는 수학적인 절차를 내놓았다. 리처드슨은 그 과정이 무척 마음에 들었다.

하지만 국영 토탄회사의 책임자가 자금을 횡령하여 프랑스로 도망치는 사건이 벌어진 후, 리처드슨은 영국 국립물리학연구소의 측량학 분과로 자리를 옮겼다. 이때 자신의 수학 연구 내용도 함께 가져갔다. 그는 이 수학을 이용하여 석조 댐의 응력을 계산했다. 실제 계산은 소년들로 이루어진 소수의 '계산원들'한테 나누어 맡겼다. 리처드슨에 따르면, 계산이 가장 빨랐던 소년은 한 주에 이천 건의 연산을 할 수 있었다. 여담이지만 계산원들에게 리처드슨이 지불한 금액은 푼돈 정도였고, 실수를 한 건에 대해서는 그나마 돈을 깎았다고 한다.

비유하자면, 수학이라는 망치를 만들고 나자 리처드슨은 더 많은 못을 찾아 나섰다. 일례로 네이피어 쇼한테서 비에르크네스의 연구 내용을 듣고 나서, 자신의 방법을 이용해 풀 수 있도록 비에르크네스의 방정식들을 수정하기 시작했다. 그러고 나서 검증을 위해 실제 사례들을 찾으러 나섰다. 비록 사후적이긴 했지만, 실제 일기예보를 내놓는 데 사용할 수 있는 특정 날짜의 실제 날씨 관측 자료를 구했다. 바로 그 데이터 집합이 비에르크네스한테 이미 있었다. 그즈음 비에르크네스는 대기의 상태들을 담은 일련의 자세한 도표를 발표했는데, 그가 설립에 이바지했던 '국제 고층기상학의 날' 행사의 일환으로 수집된 관측 자료를 바탕으로 만들어진 도표였다.

1910년 5월, 유럽 전역의 기상 관측소들이 150개 이상의 기구와 35개의 연을 사흘 동안 하늘에 띄웠다. 이는 대기 조건에 영향을 미칠 것으로 예상된(실제로는 영향이 없었다) 핼리혜성의 통과 시기에 맞추어 이루어졌다. 도표들은 신문지면 크기의 책으로 묶여 출간되었다. 열네 장의 도표에는 특정한 고도에서의 대기 상태가 해수면에서부터 대류권까지, 유럽 전역의 열일곱 군데의 상이한 위치들—노르웨이의 베르겐에서부터 카나리아 제도의 테네리페 섬, 옥스퍼드셔의 퍼튼 힐까지—에 걸쳐 담겼다. 대기의 특정 상태들을 포착한 이 전대미문의 자료를 리처드슨은 자신의 계산 과정에 대입하여, 나중에 한 권의 책이 될 원고를 작성했다. 처음에 그가 원고에 붙인 이름은 다음과 같았다. 『산술적인 유한 차분에 의한 날씨 예측(Weather Prediction by Arithmetic Finite Differences)』.

그런데 그만 제1차 세계대전이 일어나고 말았다. 1916년 5월이 되자 퀘이커교도였던 리처드슨도 더 이상 비껴갈 수 없는 처지가 되었다. 결국 서른다섯의 나이에 퀘이커 교도로 구성된 자원봉사 조직인 친우앰뷸런스부대(Friends' Ambulance Unit)의 제13 영국위생분대와 함께 서부전선에 도착했다. 긴 턱수염을 기른 그에게 동료 앰뷸런스 운전자들은 "프로프(Prof)"라고 불렀다. '예언자(prophet)' 혹은 '교수(professor)'의 줄임말이었다.

일과 시간 동안 리처드슨은 부상자들을 옮겼다. 저녁에는 비에르크네스의 관측 자료와 25센티미터 길이의 계산자로 계산을 했다. 연구실은 "건초 더미가 깔린 차가운 임시 숙소"였다. 1917년 4월의 이른바 제3차 샴페인 전투 동안 그는 안전히 보관하려고 계산 기록을 후방으로 보냈다가 잃어버렸는데, "몇 달이 지나서야 석탄 무더기 아래서 겨우 다시 찾았다." 부대의 정비병들은 리처드슨을 "포탄 구멍 사이를 잘도 빠져나가는 조심성 많고 성실한 운전자"라고 치켜세웠다. 하지만 리처드슨 자신은 자기 재주를 야박하게 평가했다. "나는 교통 상황은 살피지 않고 틈날 때면 내 꿈을 떠올리는 나쁜 운전자였다."

'리처드슨의 꿈.' 이 말은 기상학에서 유명한 문구가 되었는데, 아마도 그의 프로젝트는 실용적인 언어로 표현하기가 거의 불가능하기 때문이다. 리처드슨의 목표는 1910년 5월 20일의 날씨에 대해 여섯 시간 앞선 일기예보였다. 그는 이렇게 말했다.

"나는 계산 양식을 작성하고 처음으로 두 세로 열의 새로운 분포를 알아내는 데 꼬박 여섯 주가 걸렸다. 연습을 충분히 하면 평균적인 계산원은 열 배쯤 더 빠를지 모른다." 그 정도면 희망적이었다. 리처드슨이 자신의 일기예보 '헤이그의 궁전'을 처음 구상했을 때만 해도, 그 방법을 실현하려면 사람 계산원이 오백 명은 필요하다고 예상했으니 말이다. 1922년에 책을 출간했을 무렵, 이미 그는 전 지구를 대상으로 수치 계산을 통한 일기예보를 하려면 64,000명의 전문 계산원이 필요하리라고 판단했다.

벅찬 숫자가 아닐 수 없었다. 리처드슨은 이렇게 썼다.

"대기란 원래 복잡한 것이기 때문에 그 방안 역시 복잡하다."

그렇다고 제대로 작동하는 일기예보 공장이라는 야심찬 계획을 접은 것은 아니었다. 리처드슨은 『수치적 과정에 의한 날씨 예측』 마지막 페이지에서 점잖게 물었다. "아주 치열하게 생각한 후라면, 공상에 도전해도 되지 않을까?" 그는 "극장과 같은 큰 공간을 상상해보자"라면서 10년 전에 처음 내놓은 개념을 다시 꺼냈다. 하지만 예전에 리처드슨이 상상한 장소는 고작 콘서트홀이었다면, 이제는 경기장 같은 훨씬 더 큰 장소로 바뀌었다.

거대한 돔 지붕 아래를 벽면이 두르고 있는 이 경기장 내에는 지구의 지도가 그려져 있으며, "윗자리"에 영국이 그리고 "제일 밑"에 남극이 위치해 있다. 각각의 계산원은 자신이 앉아 있는 지역의 날씨에 대한 방정식을 푼다. 계산원들 사이의 데이터 교환은 "조명 신호"로 이루어지며, 계산 속도는 높은 기둥 위에 서 있는 담당자가 지시한다. 이 담당자는 계산원이 앞서 가느냐 뒤처지느냐에 따라 각각 "붉은 광선" 또는 "푸른 광선"을 계산원에게 쏜다. 리처드슨은 이렇게 썼다. "이렇게 볼 때 그는 계산자와 계산기로 이루어진 오케스트라의 지휘자와 비슷하다."

한편, 지구의 동시성을 다룰 방법을 상상하려면 우선 그걸 행할 전당을 상상해야 했다. 리처드슨이 꿈꾼 것은 동시대 수학자 데이비드 겔런터(David Gelernter)가 "거울 세계"라고 부른 것이었다. 즉, 현실의 공간을 표현하는 다른 공간 속의 데이터베이스였다. 리처드슨의 예보 공장은 일종의 예견적 기억 저장고였다. 과거의 기억을 저장하는 장소가 아니라 미래의 대기 상태를 계산하는 건물이었던 것이다. 또 다른 식으로 표현하자면 '일종의 모형'으로서, 이 모형의 설계자는 수많은 칩이 나란히 작동하여 오늘날의 일기예보를 실현시키는 병렬 컴퓨터 처리의 설계를 내다본 셈이었다.

하지만 1910년 5월 20일 유럽 하늘이 리처드슨의 예측을 비껴가 버리는 바람에, 이후 수십 년 동안 날씨 계산 시도는 어려움에 처했다.(64,000명이 했던 계산도 별 도움이 되지 않았다.) 예보는 12년이나 지나서야 나왔지만(게다가 틀리기까지 했지만), 리처드슨은 꿋꿋하게 원대한 계획을 저버리지 않았다. "아마도 아득한 미래의 어느 날에는 날씨의 진행보다 계산 능력이 더 빨라질 수 있을 것이고, 또한 정보 습득에 드는 비용보다 더 싼 비용으로 가능할 것이다." 그리고 마지막으로 이렇게 되뇌었다. "하지만 아직은 꿈일 뿐이다."

나로서는 정말 놀랍게도, 예보 공장은 전 지구적 관점을 날씨 기계의 핵심 요소라고 내다보았다. 세계대전의 잿더미 속에서도 리처드슨은 오늘날 우리가 정치적 및 기술적 측면에서 이해하는 대로의 글로벌리즘(globalism)을 정의해냈다.

비에르크네스는 리처드슨이 구성했던 계산을 하려면 충분히 할 수도 있었지만, 일기예보와 관련한 다른 시도를 하고 싶었다. 제1차 세계대전의 전반기를 라이프치히에서 보내면서 독일의 군수 업무를 맡았던 그는 현장 기상 관측자들을 조직하여 풍속과 풍향을 계산했다. 포병 부대에서 사용하고, 화학무기의 확산을 판단하는 데도 사용하기 위해서였다. 그 일로 조수 중 다섯이 서부전선에 투입되어 전사하기까지 했다.

1917년 쉰다섯의 나이에 노르웨이로 돌아온 비에르크네스는 여전히 자신의 아이디어를 실제로 적용할 방법을 찾았다. 조국은 완벽한 실험실이었다. 마침 전쟁으로 인해 관측 자료의 국제적 교환이 대폭 줄어드는 바람에, 서부 노르웨이의 폭풍 경보 시스템이 거의 망가져서 상선들의 활동에 큰 위협이 되었다. 게다가 식량이 부족하던 때여서 여름철 밀 수확의 성공이 절실했다. 농부들은 정확한 일기예보 시스템이 필요했다. 눈이 많은 노르웨이의 특성상 비행의 위험에 눈 뜨기 시작한 신생 항공사들도 사정은 마찬가지였다.

1918년, 노르웨이 정부의 지원에 힘입어 비에르크네스는 베르바르슬링가 포 베스틀란데(Vervarslinga på Vestlandet), 즉 서부 노르웨이 일기예보국을 열었다. 이 "확장된 일기예보 서비스"를 위한 관청을 자기가 세 들어 사는 집의 꼭대기 층에 설치했다. 집은 북해 연안의 피오르에 자리한 도시인 베르겐에 있는 대학 너머의 한 언덕에 있었다. 하지만 날씨를 계산하는 시도는 없었다. 베르바르슬링가 포 베스틀란데의 특별한 점은 수집된 관측 자료의 개수 및 정확도 그리고 자료 해석의 새로운 방법이었다.

비에르크네스가 전쟁터에서 돌아왔을 무렵, 노르웨이에는 전보 시스템에 연결된 기상 관측소가 아홉 군데뿐이었고 그중 세 곳은 서부 해안에 있었다. 하지만 전쟁 덕분에 새로운 자원들이 활용되었다. 특히 무선 전신 및 탐지 장비로 구성된 유보트 감시망이 유용했는데, 탐지 장비는 풍향을 매우 정확하게 측정하는 데 사용되었다. 그리고 노르웨이 해군이 여러 섬과 해안가 이곳저곳의 등대에 갈 수 있도록 배를 한 척 내주었는데, 새로 뽑은 관측 요원들을 훈련시키고 사기를 북돋우기 위해서였다. 즉시 비에르크네스는 관측소 열 곳을 추가로 가동했고, 1918년 봄에는 무려 마흔 곳을 더 가동했다. 7월 초 그해의 공식 일기예보 시즌을 시작할 때, 비에르크네스는 전례 없는 해상도의 노르웨이 대기 사진을 조합해낼 준비를 마쳤다. 이전의 관측망보다 열 배 조밀한 관측망을 구성한 덕분이었다.

매일 아침 여덟 시에 관측자들은 관측 자료를 전화와 급보용 전보로 베르바르슬링가 포 베스틀란데로 보냈다. 비에르크네스가 아마도 일기예보국을 선전하려고 전시해두었을 당시의 사진을 보면, 그 장면이 고스란히 드러난다. 사진의 앞쪽에 한 여성이 마치 귀에 다리미를 대고 있듯이 전화기를 들고 있다. 여성은 공

베르바르슬링가 일기예보국의 모습

책에 무언가를 적는데, 아마도 관측 자료를 기록하는 듯하다. 벽에는 큰 도표 한 쌍이 붙어 있는데, 모서리 부분은 많이 사용한 탓에 위로 말려 있다. 한 조수—비에르크네스의 아들 야코브—가 특별히 제작한 선반 위에 놓아둔 기압계를 마치 가보인양 살피고 있다. 긴 탁자에 세 명의 젊은 조수가 펜과 잉크를 앞에 두고 앉아 있다. 사진기에 가장 가까운 사람은 책상 아래에 다리를 꼬고 있는데, 여유만만한 표정이다. 그는 양손이 바쁘다. 발에는 고리버들 쓰레기통이 놓여 있는데, 분석 작업을 할 준비가 되어 있는 모습이다. 조수들은 우선 매일 기상도에 관한 미가공 네이터—노르웨이의 윤곽 지도에서 색깔 별로 표시된 각각의 관측소에서 얻은 기압과 풍향 정보—를 적는다. 그런 다음에 패턴을 찾았다.

“오늘 우리가 발견한 것은 무엇인가요?” 비에르크네스는 매일 아침 묻곤 했다. 열 시에 베르바르슬링가는 예보를 발표했는데, 다음 날까지 유효했다. 바람과 기압의 변화를 정확히 포착하여 비에르크네스와 조수들은 (그들이 부르는 명칭으로) ‘수렴선’ 및 대체로 그 선에 동반되는 강우를 찾아낼 수 있었다. 수렴선을 표시하느라 기상도에는 큰 원호가 그려져 있었는데, 전통적인 국가 간 경계나 땅과 바다를 일일이 표시하지는 않았다. 아울러 이 선을 당시의 전쟁 관련 용어를 채택하여 ‘전선’이라고 불렀다. 이와 같은 전선 개념을 확장시켜 ‘극전선’이라는 개념도 나왔는데, 이는 극 지역의 기단과 열대 지역의 기단 사이의 전투가 벌어지는 지점이라고 볼 수 있다.

이런 개념은 이후 ‘베르겐 학파’의 방법이 두각을 보이면서 미국과 유럽 전역의 대학과 기상청에 굳건하게 자리 잡았다. 베르겐 학파 방법은 노르망디 연합 상륙 작전을 위한 날씨 예측에도 사용되었는데, 예측의 정확도가 디데이의 급습에 핵심 요소였다. 하지만 엄밀히 말해서 이론적이지는 않았다.

스베레 페테르센(Sverre Petterssen)은 1923년에 베르겐에 도착한 노르웨이 기상학자—그리고 먼 훗날 노르망디 작전을 위해 날씨를 예측한 인물—로 베르겐 학파의 새로운 방법에 큰 매력을 느꼈다. 물론 그 방법의 한계도 잘 알고 있었다. 오슬로 대학 기상학과에서 공부하던 페테르센은 "낡고 안타까울 정도로 구식인" 교과서에 실망했다. 자신의 회고록에 썼듯이, 그런 교과서는 "도표에 적힌 데이터와 개별 현상에 대한 지루한 설명이 가득했으며, 물리 법칙은 거의 언급하지 않았다."

페테르센이 보기에 베르겐 학파의 기법들이 비교적 참신하고 과학적이었으나 한계도 분명했다. 베르겐 상공의 지도 제작은 단지 "날씨 전선과 폭풍 중심부의 진행의 속도와 가속도에 대한 일련의 단순한 수학적 표현에 불과할 뿐, '왜' 그런지 '무엇 때문'에 그런지 묻지 않는다"고 페테르센은 한탄했다. "그저 '그렇다'는 데 만족해야만 했다."

비에르크네스는 자신의 실용적인 예보가 성공적이라며 흐뭇해했다. 날씨 계산을 고집하던 이전의 태도와는 정반대였다. "지난 오십 년 동안 전 세계의 기상학자들이 기상도를 쳐다보았지만 가장 중요한 특징을 발견하지 못했다"며 으스댔다. "내가 제대로 된 지도를 제대로 된 젊은이들에게 주었더니, 날씨의 얼굴에 난 주름을 금세 발견해냈다." 자부심이 묻어나는 판단이긴 하지만, 한때 날씨의 수학을 열렬히 옹호했던 비에르크네스가 결국에는 실용적인 방법에 안주했다는 것은 이상하기 그지없다. 어쩔 수 없는 과학적 타협이기도 했고, 당시로서는 긴급히 유용한 역할도 했다. 그렇긴 해도 역사학자 프레데릭 네베커(Frederik Nebeker)는 이 방향 전환을 다음과 같이 예리하게 평가했다. "역설적이게도, 날씨 계산의 옹호자이자 물리 법칙에 바탕을 둔 기상학의 옹호자였던 바로 그 사람이 알고리듬도 아니고 물리 법칙에 바탕을 둔 것도 아닌 실용적인 기법들을 개발하자고 나섰다."

하지만 비에르크네스가 기상학에 이바지한 가장 큰 업적은 단순하다. 바로 과학적 방법이 어떻게 일기예보에 적용될 수 있는지 보여준 것이다. 각각의 날씨 계산은 (예보 대상일의) 실제 날씨에 의해 증명되거나 반박될 수 있는 하나의 가설이 될 수 있었다. 수집한 광범위한 관측 자료를 이용해 자신의 계산을 검증함으로써, 추상적인 수학과 변덕스러운 날씨가 서로 연결될 수 있음을 보여준 것이다.

비에르크네스는 일기예보가 과학자들이 "예측 문제"라고 부르는 것의 전형적인 사례임을 알았다. 예측 문제는 온갖 유형으로 나타나는데, 질병의 전파, 분젠 버너의 불꽃의 행동, 또는 폭발 파편의 궤적 등이 그런 예다. 각 현상은 가설과 검증을 토대로 한 과학적 방법으로 추적할 수 있다. 하지만 날씨는 유독 특별한데, 왜냐하면 날씨 예측은 현재나 가까운 미래에만 국한되지 않기 때문이다. 날씨 예측의 새로운 방법은 날씨 데이터의 전체 이력에 대해 검증할 수 있다. 만약 어떤 날씨 예측이 틀리면—늘 어느 정도는 그렇다—과학자들은 다른 방법을 시도할 수 있다. 마치 검안사가 시력측정 장치를 대하듯이 과학자들이 방정식의 일부를 수정하면서 말이다. 비에르크네스와 리처드슨은 다룰 날씨 데이터가 아주 적긴 했지만(분명 슈퍼컴퓨터가 그 시대에 있었더라면 큰 득을 보았을 것이다), 자신들의 아이디어가 지닌 잠재력을 굳건하게 믿었다.

또한 둘이 확실하게 보여주었듯이, 미래의 대기를 알려면 현재의 대기를 알아야 한다. 앞으로 어떨지 알려면 지금 어떤지를—모든 곳을 한꺼번에—알아야만 한다. 이를 위해서는 광대한 기계가 있어야 가능할 텐데, 그러기엔 우리가 사는 지구가 너무나 광대했다. 어떻게 해야 지구의 하늘을 전체적으로 바라보고 측정할 수 있을까?

PART 2

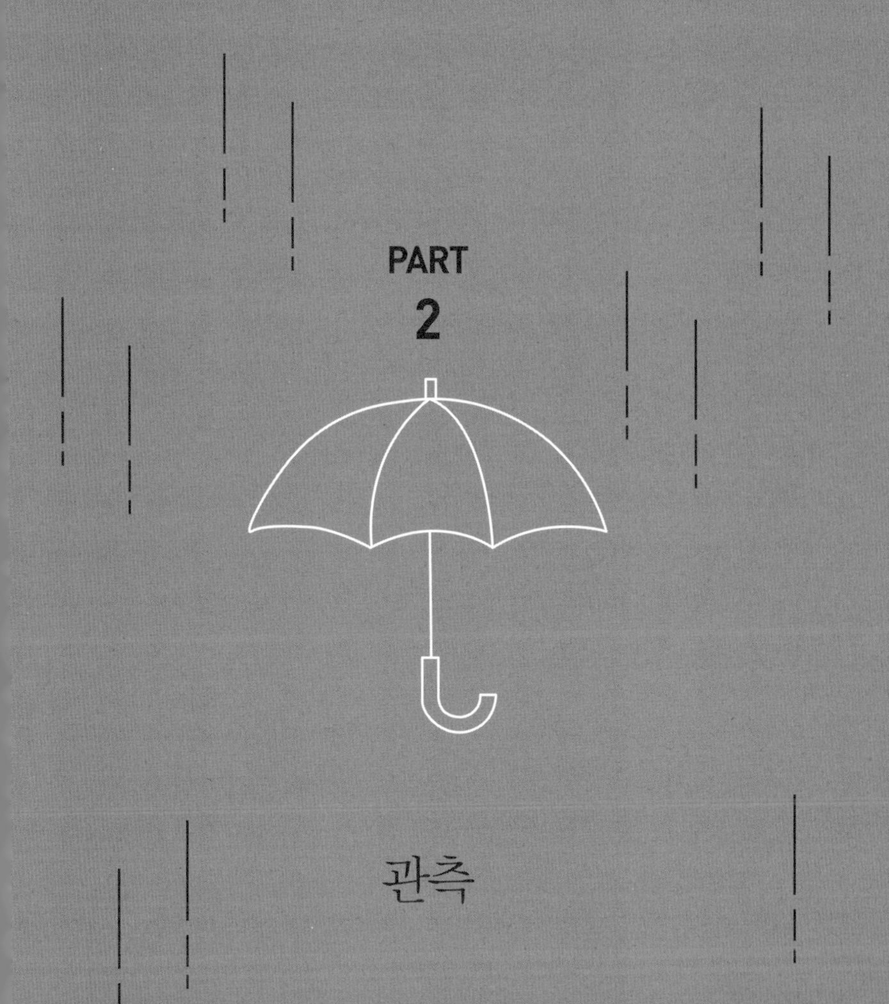

관측

3
지상의 날씨

날씨 관측을 하지 않으면 일기예보는 없지만, 날씨 관측은 또한 기반시설이 없으면 불가능하다. 비행기의 제일 앞 뾰족한 부분에 달린 장치, 도로를 따라 울타리처럼 늘어선 장치, 학교 마당의 구석진 곳이나 취미 활동가의 뒷마당에 놓인 장치 등이 그런 예다. 브루클린에 사는 한 친구는 자기 집 지붕의 철책에 그와 같은 장치를 석쇠 바로 옆에 묶어 놓았다. 큰 욕조용 장난감 같은데, 둥글납작한 흰 플라스틱 몸통에다 회전하는 검은 풍속계가 달려 있다. 컨트롤러는 집안에 있는 친구의 책상 위에 놓여 있다. 이 회색 박스 모양의 컨트롤러에 달린 LCD 화면에는 온도와 풍향 그리고 풍속이 표시된다. 인터넷에도 연결할 수 있는 장치였지만, 친구는 굳이 그렇게 하진 않았다.

친구 집 근처에 사는 어떤 사람은 자기 관측 장치를 웨더언더그라운드(Weather Underground)라는 일기예보 웹사이트에 연결해 놓았는데, 자기 위치의 날씨를 그 웹사이트에서 확인했더니, 자신의 장치에서 나온 수치랑 거의 언제나 동일했다고 한다. 그게 얼마나 중요할까? 거리마다 날씨가 실제로 얼마나 다를까? 전체적으로 보자면, 관측은 부차적이긴 했지만, 그렇다고 쓸모없는 일은 아니었다. 관측 덕분에 그의 하늘 구역이 질서를 얻었으니까.

지구에는 거의 어디에나 기상 관측소가 있지만, 모든 기상 관측소가 평등하게 세워지지는 않는다. 지난 수십 년 동안 가장 중요한 관측소들은 지역기본기상관측망(Regional Basic Synoptic Network)의 일부였다. 이것은 (무엇보다도) 기상 관측 업무를 담당하는 유엔 기구인 세계기상기구가 관리한다. 지역기본기상관측망은 전 세계에 걸쳐 약 4,400군데의 지상 관측소로 구성되는데, 대다수는 관측 품질 표준에 따라서 각국의 기상청이 운영한다. 가동 중인 관측소의 정확한 개수는 언제나 유동적인데, 왜냐하면 프로젝트 자체의 관료적 구조가 그렇기 때문이다. 하지만 변치 않는 진실은 기상 관측소들의 위계질서로서, 전 세계 수천 군데의 관측소들이 장비 및 관리 방식의 상위 표준에 따라 운영된다.

이 중요한 관측소들 중 하나는 어렵지 않게 눈에 띈다. 우리가 공항에서 이륙을 기다리다 보면 활주로 옆의 장치 더미가 가끔씩 보이는데, 바로 그것이 관측소다. 뉴욕의 라과디아 공항에는 작은 잔디 구역에 기상 관측소가 설치되어 있다. 이 구역은 D-D 유도로(誘導路)의 가장자리에 있기에 제트 분출로 인한 열에 그을려 갈색을 띤다. 특이한 모양의 강철 통처럼 생겼는데, 땅에서 1미터쯤 높이이며, 훌라 춤 치마처럼 보이는 반짝이는 금속판들로 둘러싸여 있다. 강우를 측정하는 장치다. 그 옆에는 원통형의 센서가 부착된 막대가 두 개 서 있다. 각각은 1미터쯤 거리에서 강철 받침대에 의지해 솟아 있는 또 하나의 작은 센서를 향하고 있다. 마치 삐쩍 마른 로봇이 화장용 콤팩트를 바라보고 있는 듯한 모습이다. 하나는 시계(視界)를 측정하고, 다른 하나는 '강우(설) 확인', 즉 비나 눈이 오는지 여부를 확인한다. 흰색과 분홍색(붉은색이 바래서 변한 색)이 섞인 10미터 높이의 타워 하나는 꼭대기에 초음속풍 센서가 있다.

종종 지역기본기상관측망 소속 기상 관측소에는 인간 관측자가 임무를 맡기도 한다. 라과디아 공항에서 강우(설) 탐지기는 비와 얼음을 구분하지 못한다. 운고계(雲高計)는 운량(雲量. 특정 지점에서 관찰할 때 구름이 하늘을 덮고 있는 정도_옮긴이)을 측정하는데, 공항 바로 상공의 구름만을 측정한다. 설령 매우 짙은 안개가 맨해튼을 지나 서쪽에서 다가오고 있어도, 그 장치는 안개가 실제로 도착하기 전에는 탐지해내지 못한다. 이런 한계를 포함해 자동화된 시스템의 단점을 보완하기 위해, 라과디아 공항은 인간 관측자—날씨를 살필 뿐 아니라 날씨를 살피는 기계까지도 살피는 사람—를 두고 있다. 미국에는 그런 공항이 135개 있다. 라과디아의 주간 관측자는 폴 소어(Paul Sauer)다. 무엇보다도 운고계는 위쪽만을 바라보지만, 철학 박사학위를 지닌 사람답게 소어는 모든 방향을 살핀다.

그러나 날씨 관측 활동에는 긴장이 뒤따른다. 연속적으로 변하는 지구의 대기와 각 국가의 정치적 경계선 사이의 긴장, 그리고 관측 시스템을 관리하는 국제적 협력과 각국의 개별 관측소를 운영하는 정부의 기상 조직의 자율성 사이의 긴장이다. 지역기본기상관측망은 거대한 글로벌관측시스템의 한 구성요소인데, 이것 또한 더 거대한 세계기상감시(World Weather Watch)의 일부이다. 글로벌관측시스템은 날씨 관측소와 기상 연구실에서 자주 등장하는 인포그래픽으로 보통 묘사된다. 이 그래픽은 지구를 세 군데의 상이한 영역, 즉 파란 하늘, 짙푸른 바다 그리고 녹색의 대지로 나누어 보여준다. 각 영역에는 관측 시스템의 그림도표들이 배열되어 있는데, 전부 대문자로 적힌 꼬리표가 붙어있다.

OCEAN DATA BUOY는 물에 떠 있어서 관리하기가 무척 비싼 곳이고, AIRCRAFT는 항공기의 참여에 의존하는 곳이며, UPPER-AIR STATION은 정부 관할 기상청이 하루에 두 번 기구를 쏘아 올리는 곳이며, AUTOMATIC STATION은 교통신호등에 장착된 센서처럼 단순한 곳일지 모른다. 그것들은 끝에 화살표시가 있는 붉은 선들로 연결되어 있는데, 이 선들은 결국에는 지구본 앞에 있는 컴퓨터 단말에 앉아 있는 사람 모양 그림으로 이어진다. 이 날씨 휴머노이드 옆에는 테이프 방식의 저장 장치가 달린 구식의 메인프레임 컴퓨터가 한 대 있는데, 날씨 모형을 표현한 것 같다.

이 시스템이 보여주는 것은 기압계와 풍속계 그리고 인공위성과 부표로 가득 찬 전체 세계인 듯한데, 이것들은 전부 동일한 방향으로 데이터를 번쩍번쩍 전송한다. 어느 쪽이냐면, 한 컴퓨터 앞에 있는 사람 쪽 방향이다. 그리고 이 컴퓨터는 다시 대기에 관한 수치 시뮬레이션을 수행하는 다른 더 큰 컴퓨터에 연결되어 있다. 글로벌 관측시스템 및 이에 기반한 모형들을 하나의 일관된 체계로 그려내고 있다.

기본적인 구조는 매우 단순한 듯 보인다. 하지만 이 시스템은 (한 지역의 한 장소, 한 항구의 한 부표 또는 한 항로상의 한 항공기 주위의 대기 상태를 수집하는) 개별 관측소 사이의 심각한 긴장 관계를 숨기는 대신에, 지구 대기의 연속적인 흐름을 전체적으로 나타낸다. 러스킨의 용어를 빌리자면, 공간을 보여주지 점을 보여주진 않는다.

일기예보가 전 세계에 걸쳐 실시되는 관측에 의존한다고 말하기는 쉽다. 하지만 개별 관측소들, 즉 저마다의 작은 대기 영역 자료를 수집하는 실제 장소에 있는 수만 군데 관측소들에 초점을 맞추기는 어렵다. 관측소를 글로벌 네트워크에 감쪽같이 연결된 총체적인 장비들의 집단으로만 여긴다면, 개별 장소의 유구하고 특수한 역사를 무시하고 만다. 내가 보기에, 그렇게 여기는 것은 타성에 젖은 발상이다.

기상 관측소의 전통은 깊고 넓다. 가령 허리케인 플로렌스가 2018년에 노스캐롤라이나 해안에 접근했을 때, 해안에서 50킬로미터쯤 떨어진 바다에 위치한 프라잉 팬 타워(Frying Pan Tower)라는 퇴역 해안경비 등대가 폭풍의 도착을 알려서 크게 주목을 받았다. 잊힌 장소가 날씨를 특별하게 포착한 덕분에 갑자기 사람들의 기억에 되살아난 것이다.

뉴욕시에서는 미국 기상청 사무실이 30 록펠러 플라자에—유명한 붉은 네온사인 간판 바로 위의 지붕에 설치된 관측 장비와 함께—수십 년 동안 위치해 있었다. 조금 생뚱맞긴 했지만 등대처럼 날씨 관측용으로는 적절하고 중요한 자리였다. (나중에 더 널찍하지만 덜 화려한 장소로 옮겼는데, 롱아일랜드에 있는 브룩헤이븐국립연구소의 주변 부지에 세워졌다.)

얀마옌섬(Jan Mayen)과 같은 오지의 관측소들도 있다. 이 섬은 북극해에 있는 노르웨이령 화산섬으로서, 아이슬란드에서 북쪽이며 그린란드와 노르웨이의 중간쯤에 위치한다. 18명의 근무자와 두 마리의 개가 사는 곳인데, 찾아가기가 무척 어렵다. (군수송기가 1년에 열한 번 날아온다.) 하지만 날씨 관측으로만 보자면 그 지역은 결코 외면할 수 없는 매력을 지니고 있는데, 어느 정도 비에르크네스 덕분이다.

비에르크네스 부자가 베르바르슬링가 포 베스틀란데에서 첫 여름 동안 집중적인 일기예보 활동의 결과물을 내놓았을 때, 그 속에는 둘이 완성해낸 지도책이 하나 포함되어 있었다. 바로 전국의 관측소들의 위치가 마치 무늬가 촘촘한 셔츠처럼 표시된 노르웨이 지도였다. 베르겐의 언덕에 있는 비에르크네스의 집에서 조수들이 전화기를 붙들고 기상 전선들을 그리는 모습이 눈에 선하다.

하지만 전화선의 반대편 끝 모습—지도에 표시된 관측소들—을 상상하기는 어렵다. 관측소는 농장이나 학교 지붕에 있었을까? 항만관리소 지붕 위라든지 등대 옆에 있었을까? 비에르크네스의 기상 관측소 지도는 흐르는 대기를 나타내기 위해서가 아니라 고정된 관측 근거지를 나타내기 위해 제작되었다. 기상도가 아니라 기반시설 지도였다. 이 기상 관측소들은 비에르크네스의 통찰에 대단히 중요했지만, 구체적으로 표시해서 나타내지는 않았다.

그간 익히 보았던 바에 의하면, '관측'이란 대수로운 일이 아니고 그저 일어난 현상을 관측자와 측정 도구로 눈에 띄지 않게 기록하는 일일 뿐이라고 여기기 쉽다. 하지만 개별 관측이 실제로는 어땠을까? 기상 관측의 거대한 글로벌 시스템은 지난 150년에 걸쳐 만들어졌다. 여기에 비에르크네스는 큰 몫을 했다. 만약 그와 함께 활약한 관측자들이 이 시대에 되살아날 수 있다면, 그들의 이야기를 통해 관측이 지난 세월 동안 어떻게 진화했는지 그리고 날씨를 '관측'한다는 것이 단지 오늘날처럼 날씨를 경험하는 일에 비해 어떤 의미인지 진정으로 이해할 수 있지 않을까?

가브리엘 킬란(Gabriel Kielland)은 누구보다도 노르웨이의 기상 관측소들의 지리를 잘 안다. 오슬로에 있는 기상청에서 근무하는 킬란은 관측 품질 당당 부서의 책임자를 맡고 있다. 안톤 엘리아센과 점심을 먹기 전에 나는 킬란과 함께 앉아 있었다. 1939년에 지은 붉은 벽돌 건물의 천장 높은 그의 사무실이었다. 건물은 도시의 가장자리에 위치했고 대학 캠퍼스에 인접해 있었다. 바깥에는 관측 장치들이 모여 있었는데, 공원의 조각상처럼 잘 자란 초록 잔디밭에 설치되어 있었다.

킬란은 컴퓨터 화면으로 노르웨이의 기상 관측소들의 현재 상태를 보여주었다. 목록에 전부 약 400개 관측소가 있었다. 물론 이 모두가 킬란의 담당은 아니었다. 이외의 수백 개 관측소는 도로 변을 따라 있었고 도로 관할 기관의 책임이었다. 근해의 석유 시추 시설에 있는 관측소도 있었는데, 오래된 등대를 관측소로 꾸준히 교체 중이었다. 잘 작동하고 있는 곳은 초록색으로 표시되었고, 최근에 문제가 생겼다가 해결된 곳은 노란색으로 표시되었으며, 고장 난 곳은 붉은색으로 표시되어 있었다.

"바로 여기가 문젭니다." 킬란이 목록의 아랫부분을 바라보며 말했다. 빗물 받이통으로 전락한 문제의 관측소를 비워야 했다. 킬란이 거리낌이 없이 낄낄댔다.

비에르크네스의 지도를 보여주었더니, 킬란은 관측소들 하나씩 찔러 보며 위치를 짚어냈다. 많은 곳을 제대로 알아맞혔다. 킬란이 설명했다. "최초의 기상 관측소들은 전신소였습니다." 노르웨이는 특이한 지형으로 인해, 대다수 관측소가 해안가에 위치했다. 종종 등대 가까이에 있었는데, 등대는 대체로 도시에 근접한 위치에 세워졌다. "그렇기에 꽤 전략적인 선택입니다." 하지만 지도상의 몇몇 점들이 킬란으로서는 미심쩍었다. 그가 보기에 일부는 전혀 존재하지 않는 것이거나 고의로 잘못된 위치에 놓여 있었다. 킬란이 무덤덤하게 말했다. "제가 의심스럽게 여기는 점은 그렇다 치고, 이 많은 바람 관측 자료를 수집했다니 대단한 업적이 분명합니다."

관측소들은 마치 바위에 들러붙은 듯 고정되는 습성이 있었다. 어느 관측소가 지금도 존재할까? 백 년 된 기상 관측소가 베르겐이나 어쩌면 오슬로로 관측 자료를 보내는 것 아니냐고 내가 물었다. 어쩌면 등대들 중 한 곳?

"등대들은 전부 너무 외지긴 하지만, 최상의 곳은 베르겐과 스타방에르(Stavanger) 사이에 있는 우트시라(Utsira)일 겁니다." 킬란이 말했다. "처음부터, 그러니까 1860년대부터 있었지요. 좋은 곳입니다."

우트시라는 북해에서 16킬로미터쯤 떨어진 로르샤흐 얼룩 모양의 작은 섬이다. 비록 하나의 점에 불과할지 모르지만, 내가 찾아다녔던 한 점이다. 전체를 이해하려면 한 점부터 이해해야 하는 법이다. 각각의 장소는 저마다 들려줄 이야기를 간직하고 있긴 하나 모든 장소들은 전부 연결되어야 전체 이야기를 들려준다. 전체 이야기란 바로 어느 한순간 지구 대기의 상태를 뜻하는데, 이것은 그다음 순간의 대기 상태를 그리기 위해 꼭 필요한 출발점이 된다.

지역기본기상관측망의 데이터베이스에서 우트시라의 "관측소 식별자"는 1403이었다. 위치는 북위 59° 18' 23", 동경 4° 52' 20". 이 식별 데이터는 중요했다. 이것이 지도에 표시되고 슈퍼컴퓨터에 입력됨으로써 우트시라의 관측 자료는 세상에 유용한 역할을 하게 된다. 하지만 나는 우트시라를 인간의 관점에서 생각하길 좋아한다. 내일에 관한 일기예보를 대할 때, 우리는 하늘 바라보기가 누군가의 임무라는 사실을 (평소에는 알고 있다가도) 종종 잊기 때문이다.

우트시라로 가는 비행 편은 편안하고 조용했다. 딸꾹질 소리라든지 기류로 인한 흔들림도 전혀 없었다. 비행기가 산들 위로 지나갈 때 나는 노르웨이의 구름을 넋을 놓고 바라보았다. 포근한 느낌의 구름은 마치 저마다의 주형틀에서 주조된 듯이 서로 특색이 있었다. 행진하는 코끼리들처럼 보였는데, 다들 크고 육중했으며 엇비슷한 간격으로 떨어져 있었다. 아래쪽은 어두웠고 위쪽은 밝게 빛났다.

우리는 구름 사이를 미끄러지듯 날아 북해의 (위아래 기준으로) 중간쯤에 있는 작은 해안 도시 헤우겐순(Haugensund)에 내렸다. 인상적이게도 공항에는 이동식 탑승교가 없었다. 공기는 촉촉하면서도 상쾌했다. 아스팔트 포장 도로를 건너니 베이지색 단층 터미널 건물이 나왔는데, 하늘색 정사각형 벽에 달린 큰 원형 창이 눈에 띄었다. 창 위에는 영어로 '바이킹 왕들의 고향에 오신 것을 환영합니다'라는 문구가 칠해져 있었다.

우트시라로 가기 위한 경유지인 헤우겐순은 스메다순데(Smedasundet)에 위치해 있다. 이 작은 해협은 더 큰 해협인 카름순데(Karmsundet)로 이어지는데, 날씨의 신 토르(Thor)가 이 해협의 물을 매일 아침 걸어 다녔다고 한다. 근래에 카름순데가 해상 운송로가 된 덕분에 헤우겐순은 번영을 누렸다. 이른바 '우트시라 배'를 기다리려고 부두에 다가갔더니, 도시의 성공을 알려주는 가장 최근의 증거가 눈에 들어왔다. 바로 25층 건물 높이의 노란색 전력 변환 장치인데, 마치 네 발 달린 괴물처럼 항구 위에 높이 솟아 있었다. 두바이에서 제작되어 노르웨이로 옮겨진 그 장치는 북해의 한 풍력발전소에 설치될 준비를 거의 마친 상태였다. (발전소에서 생긴 전기는 독일에 있는 수백만 가정에 공급될 것이다.)

전력 변환 장치는 최근 '연안의' 대성공을 알리는 상징이었다. 19세기의 상징은 청어였다. 더 근래에는 석유였고 최근에는 바람도 가세했다. 노르웨이는 1960년대에 북해의 석유와 천연가스 매장량에 대한 주권을 선포했는데, 우트시라 덕분에 국가의 영토가 바다 쪽으로 조금 더 넓어졌다. 그 이후로 노르웨이의 올리에폰데(Oliefondet), 즉 오일 펀드는 세금과 면허 수수료로 1조 달러 이상을 거둬들였다. 급기야 노르웨이는 세계 8위의 석유 수출국으로 우뚝 섰다.

연락선인 우트시라 호도 얼마쯤 수혜를 받았다. 꽤 높으면서도 전체적으로 땅딸막해 보이는 이 신형 배는 대단히 높은 갑판 위치에서부터 수면까지 내리 푸른색이었다. 뱃머리의 큰 문은 열려 있었고 차량 적재고는 비어 있었다. 주변엔 아무도 없었다. 가파른 승선계단을 올랐더니, 승객 휴게실이 나왔다. 벤자민 고무나무 화분들로 장식된 그곳에는 이케아 사진틀 속에 든 우트시라 섬의 흑백사진들이 전시되어 있었다. 텔레비전에는 미국의 리얼리티 쇼인 〈하드코어 폰(Hardcore Pawn)〉이 방영되고 있었다. 유튜브를 틀었더니, 내가 건너려는 물길에서 배가 롤러코스터 타듯 출렁이는 무서운 내용이 나왔다. 하지만 그때의 실제 바다는 잔잔해서 부둣가의 물은 가볍게 출렁일 뿐이었다. 우리는 현대적인 타운하우스들이 늘어선 돌이 많은 해변과 구식의 고기잡이용 판잣집들 사이를 미끄러져 나아갔다. 버켄스탁 샌들에다 고무 바지 차림에 턱수염을 기른 갑판원이 8달러의 요금을 받아갔다. 우트시라 호는 19세기의 기상 관측 시설로 나를 데려가는 저렴한 타임머신이었다.

우트시라에는 노르웨이에 기상예보 서비스가 시작되기 전부터 기상 관측자가 있었다. 예나 지금이나 섬의 관측 지점은 쌍둥이 등대 사이의 풀밭 구역이다. 쌍둥이 등대는 우트시라에서 가장 높은 곳 근처의 작은 말안장 모양 땅의 양쪽에 서 있었다. 노르웨이어로 우트시라 퓌르(Utsira Fyr)라 불리는 등대는 1844년에 세워졌는데, 청어잡이 배들을 헤우게순으로 가도록 안내하는 용도였다.

우트시라 섬 자체도 한때 중요한 해상 관문이었다. 정부가 세운 두 항구가 섬의 양쪽에 각각 있었기에, 바람이 어느 방향으로 거세게 불더라도 배를 안전하게 지켜주었다. 우선 바람은 등대지기가 보퍼트 풍력계급(Beaufort wind force scale)을 이용해 측정했다. 이것은 영국의 해군 제독 프랜시스 보퍼트 경(Sir Francis Beaufort)이 고안한 풍속 등급표이다. 등대지기는 섬을 둘러보고서 연기와 나무의 움직임을 판단했다. 만약 연기가 수직으로 오르면 계급 0, 큰 나뭇가지가 흔들리면 계급 6이다.

이에 덧붙여 1866년 노르웨이 기상청의 초대 청장이 된 헨리크 몬(Henrik Mohn)은 기온 측정을 등대지기의 임무로 부여하면서 하루에 세 번 기온 측정 자료를 엽서로 보내라고 지시했다. 1869년에 우트시라에 전보가 들어오자, 섬은 북해 폭풍을 살피는 중요한 관측소가 되었다. 영국인한테 우트시라—적어도 이 이름—는 '정서적으로 매우 친숙한' 곳이다. 바로 "노스 우트셔(North Utsire)"와 "사우스 우트셔(Utsire)"라는 두 지역이 매일 밤 향수어린 편곡의 〈세일링 바이(Sailing By)〉가 흐른 뒤 시작되는 〈쉬핑 포캐스트(Shipping Forecast)〉—아직까지도 BBC의 라디오 4에서 방영중인 프로그램—에 늘 나왔기 때문이다.

우트시라에서 가장 압권은 지형 구조다. 푸릇푸릇한 언덕들에 화강암 바위가 군데군데 흩어져 있는데, 마치 거대한 미니어처 골프 코스처럼 보인다. 섬의 집들은 바위에 딱 들러붙어 있는데, 돛과 같은 깃발이 바람을 맞아 펄럭이고 있다. 가장 크고 깔끔한 집들은 "석유시추선 왕초들"의 것이다. 섬사람이 귀띔한 바에 따르면 이들은 2주를 물에서 4주를 뭍에서 보내며 통근은 헬리콥터로 한다고 한다.

하지만 지형 구조는 섬의 지정학적 위치와 정치경제적 이점이 없으면 아무것도 아니다. 날씨 관측 장소로서 우트시라의 중요성은 기상학적인 것만큼이나 정치적이었다. 우트시라는 그저 대기를 관찰할 중립적 장소였던 적은 없었고 언제나 정치적인 볼모였다. 여느 섬과 마찬가지로 고립되어 있지만, 또한 줄다리기할 때의 밧줄처럼 주위의 역학관계에 언제나 휘둘렸다. 대체로 긍정적인 영향력은 오슬로에서 온다. 오늘날까지도 우트시라는 연방정부로부터 상당한 재정지원을 받고 있다.

우트시라 퀴르의 현대적인 기상 관측 시설은 등대가 있는 작은 언덕 기슭의 마당 가장자리에 설치되어 있다. 기온, 강우, 습도, 풍속 및 풍향은 전부 자동으로 전송된다. 하지만 사람의 관여도 있긴 한데, 자료 백업이라든가 자동화된 장치로선 불가능한 미묘한 관측 자료를 얻는 경우다. 기상연구소에서 고용한 우트시라의 파트타임 관측자는 노르웨이의 평범한 60대인데, 운량을 측정하고 강우의 특성을 파악한다. 다른 곳의 날씨 관측자들은 대체로 부모와 조부모를 이어서 관측 일—땅과 사람과 날씨를 한데 이어주는 인간적인 일—을 맡아 하고 있는 농부들이었다. 30년 동안 우트시라의 날씨를 관측해온 사람은 토르비오른 라스무센(Thorbjorn Rasmussen)으로, 섬의 이장이자 마지막 등대지기였다. 그가 은퇴한 뒤에는 네덜란드 사람 한스 판 캄펜(Hans Van Kampen)이 일을 물려받았다.

나는 점심 식사 직후에 등대에서 판 캄펜을 만났다. 불그스레한 얼굴은 세월의 흔적이 엿보였고, 붉은 빛을 띤 회색 머리카락은 정열적으로 헝클어져 있었다. 판 캄펜은 아내와 함께 2006년에 우트시라에 처음 왔다가 그곳과 홀딱 사랑에 빠지는 바람에 식당을 운영하며 살았다. 언덕 비탈에 새로 들어선 산뜻한 유리벽 건물이 학교로 사용되자, 그는 버려진 이전의 학교를 사서 이층에서 생활하며 일층에 식당을 열었다. 손님은 주로 섬을 찾아오는 당일 여행객이었는데, 바다가 잔잔한 날에만 왔다. 한 끼의 근사한 점심과 잠깐의 조류 관찰을 위해 한 시간의 멀미를 견디려는 사람은 없었다.

"사람들은 여기의 바람을 두려워하지요." 캄펜이 말했다. "바람이 셀수록 사람들이 덜 옵니다."

외딴 곳의 장사는 딱히 변화가 없다. 판 캄펜이 알기로 섬에 에스프레소 기계는 자기만 갖고 있다. 손님들은 식당 주인이 기상청을 위해 일한다는 걸 알고는 일기예보를 가끔 묻곤 한다. 그의 역할은 미래가 아니라 현재를 관찰하는 걸 모르고서 하는 질문이다. 그래도 손님의 궁금증을 풀어주려고 위르(Yr. '안개'라는 뜻)라고 불리는 기상청 웹사이트를 수시로 들어가 거기 나오는 내용을 손님에게 읽어준다.

하루에 여섯 번씩 판 캄펜은 뒷문에서 담배를 문 채 하늘을 올려다본다. 선임자들은 관측 자료를 엽서로 보냈지만, 판 캄펜은 기상청 웹사이트의 드롭다운 메뉴를 이용해서 관측 자료를 오슬로에 있는 킬란의 부서로 보낸다. 그러면 오슬로에서 자료를 전 세계로 보낸다. 이 자료는 세계기상기구의 글로벌 통신 시스템을 통해 유입되는 방대한 데이터에 포함되어 마침내 날씨 모형에 입력되고, 결과는 다시 위르의 일기예보에 등장한다. 이렇듯 미래가 다시 현재가 될 때 판 캄펜은 거기서 그걸 지켜본다.

판 캄펜의 또 다른 임무는 자동 관측 장치를 관리하는 일이다. 커피 한 잔을 다 마신 판 캄펜은 무릎까지 오는 장화인 웰링턴 부츠를 신었다. ("이 섬엔 양의 똥이 많아서요.") 장치를 더 자세히 보기 위해서다. 기상 관측소의 위치는 150년 동안 바뀌지 않았을지 모르지만, 현재의 시설만큼은 최첨단이다. 장치는 지면에서 꽤 높은 위치에 인형의 집처럼 생긴, 박공지붕을 두른 네모난 장비

함에 들어 있었다. 나는 닭장 우리로 들어가는 경사로처럼 생긴, 건물 바닥에 놓인 짧은 나무계단에 올랐다. 판 캄펜은 무척 키가 컸기에 나무계단에 오른 나와 눈높이가 같았다. 그가 녹슨 걸쇠를 풀었고, 우리는 함께 내부를 들여다보았다.

장비함의 왼쪽 벽에 온도 탐지기와 습도 탐지기가 설치되어 있었다. 탐지기들은 받침대에 세워놓은 작은 흰색 우산 같았고, 고무 케이블이 위쪽으로 말려 있었다. 습도 센서는 오슬로에 있는 킬란의 지하 연구실에서 철제 호흡보조 장치(iron lung: 20세기 중반에 현대적인 호흡보조 장치가 나오기 이전의 구식 호흡보조 장치로서 사람이 들어가서 눕게 되어 있는 큰 통처럼 생겼다_옮긴이)럼 생긴 기계를 이용하여 눈금 조정을 한 다음에 이 섬으로 보냈던 것이다.

반대편에는 한 쌍의 낡은 수은 온도계들이 두껍게 때가 묻은 채 방치되어 있었다. 장비함 외부에는 강우 센서가 장착되어 있었는데, 마치 식판처럼 생긴 평평한 표면이 하늘을 향해 열려 있었다. 인간 관측자가 온도와 바람의 눈금을 보낼 필요가 없게 만드는 통신 장치는 관측소 차고에 있는 작은 방의 벽에 고정되어 있었다. 케이블이 돌돌 말려 있는 전자레인지 크기의 쇠로 만든 상자 두 개가 통신 장치였다. 나이 든 등대지기의 집 바로 뒤 작은 습지에는 정교한 강우계가 있었다. 강우계는 바람으로부터 물받이를 보호해주며 자동차 와이퍼처럼 좌우로 움직이는 금속판이 달려 있었다. 등대 옆의 언덕 등성이 위에는 초음속 풍향 및 풍속 센서가 있었는데, 1932년부터 우트시라에서 가동되던 구식의 풍향풍속계를 대체한 최첨단 장치였다.

판 캄펜이 주간 관측을 할 시간이 되었다. 우리는 온도계가 설치된 장비함 밑에 서 있었는데, 그가 천으로 만든 책가방에서 작은 책 두 권을 꺼냈다. 첫 번째 책은 기상청의 관측 지침서였다. 컬러 인쇄였고 스프링 제본이 되어 있었다. 19쪽에 0~9까지의 수치 부호들이 목록으로 나와 있었는데, 운량을 나타내는 수치였다. 1873년에 헨리크 몬이 국제기상기구의 첫 회의에서 적극적으로 주장했던 프로토콜이다.

두 번째 책은 판 캄펜의 공식 저널로서, 그가 제출한 전자문서의 내용이 요약된 자료였다. 판 캄펜은 짙은 눈썹을 동그랗게 만들며 하늘을 올려보았다. 나도 똑같은 자세를 취하며 그가 본 것을 보려고 애썼다.

"아, 저기 이슬비네요. 그렇죠?" 그가 물었다. 네, 나도 맞장구쳤다. 이슬비가 내리고 있었다. 그가 메모지에 갈겨썼다. "하늘 높이는? 삼사백 미터쯤 되겠네요. 가시거리는? 얼마나 멀리까지 볼 수 있을까요? 섬의 끝을 볼 수 없으니 아마도 2킬로미터쯤? 그 이상은 아니에요. 구름 종류는? 뭐라고 분류해야 할지 모르겠네요. 안개구름? 그냥 회색이고요. 구름이 저것밖에 없으면 아주 쉽지요. 저 위로는 아무것도 없고요. 설령 저 위에 무언가 있어도 보이지 않으면 보고하지 않아도 되죠 뭐!" 판 캄펜이 혼자 웃었다. 나도 따라서 살짝 웃었다.

판 캄펜이 우트시라에서 낭만적으로 산다고 여기고픈 유혹이

인다. 하늘을 바라보고 정말로 낭만적인 오지에서 한가로이 에스프레소를 만드는 삶이니까. 하지만 그의 삶은 우리 일상과 다르지 않다. 판 캄펜은 세상 사람들이 모든 장소의 날씨를 알 수 있도록 한 장소의 날씨를 관찰한다. 기상 관측소가 늘 운영되는 방식이다. 나는 묻고 싶었다. 그 일이 어쨌든 의미심장한 일이라고 여기는지, 어린 시절에 이해했던 세계까지 되새기며 날씨와 그가 사는 장소의 온갖 변덕을 심오하게 이해하게 되었는지를. 하지만 결국 내가 물은 질문은 이랬다.

"날씨를 '정말로 아시나요?'"

"추운 때라든지 비가 오는 때라는 걸 알지요."

판 캄펜의 대답은 목가적인 신비주의로 부푼 내 마음에 찬물을 끼얹었다. 그는 미안하다고 말하고서 식당으로 돌아갔다.

다시 혼자가 된 나는 작은 언덕을 올라 등대로 갔다. 주변에 바다가 가득 눈앞에 펼쳐졌지만, 배 위에서 볼 때와는 다른 풍경이었다. 풀과 이끼와 화강암으로 이루어진 땅은 굳건했고, 똥과 흰 양털 다발이 군데군데 흩어져 있었다. 유명한 우트시라의 바람이 내 주위에서 살랑거렸다. 나는 눈은 바다로 향하고 코는 바람을 향하고 양손은 주머니에 찔러 넣은 채 등대 주위를 거닐었다. 발에 무언가가 걸렸다. 화강암 속으로 볼트 네 개가 박혀 있었는데, 각각 15센티미터쯤 되었다. 이 장소에 있었던 지난 세기의 기상 관측소 잔해였다. 숙였던 몸을 일으켰더니, 바지는 이끼 때문에 젖어 있었다. 문득 뭔가 마음에 변화가 이는 느낌이었다.

이곳이야말로 아르키메데스의 지렛대이며, 우리가 우뚝 서서 공기를 측정할 곳이다. 나는 돌섬과 바람이 일으키는 마찰을 느꼈다. 땅이 바다에 맞닿아 있고 대기가 거침없이 흐르는 바로 그곳에서. 바람이란 바로 이런 것이구나, 나는 새삼 깨달았다.

기상 관측소의 핵심은 한 장소에 굳건히 서서 바삐 지나가는 대기를 측정하는 것이다. 정(靜)과 동(動)의 대조는 날씨 그리고 날씨를 바라보고 예측하는 유구한 인간의 활동과 관련하여 내가 크게 흥미를 느끼는 부분이다. 우트시라만큼 시간이 고정된 채로 변하지 않는 곳은 많지 않다. 덕분에 날씨의 주간 리듬을 간파하고 야간 관측 계획을 세우기가 수월하다.

우트시라와 같은 곳들은 기상 관측소의 유구한 역사만큼이나 기상 관측의 전 지구적 시스템의 중요한 부분이기도 하다. 하지만 여전히 우트시라는 지도상의 한 점일 뿐인데, 그런 점은 많으면 많을수록 좋다. 정확한 날씨 예측을 위해 비에르크네스의 방정식은 더 이상의 것이 필요했다. 말하자면 더욱 광범위하고 연속적인 시야가 필요했다. 우트시라와 지상 관측소들은 19세기 피츠로이의 시대에 나왔는데, 심지어 그 자신도 달성해내진 못했지만, 어떤 시야가 필요한지는 알았다. "공간의 한 눈이 북대서양 전체를 내려다보는 듯한" 그런 시야가 필요했다.

그것은 마침내 제2차 세계대전의 발발과 함께 등장했다.

4
내려다보기

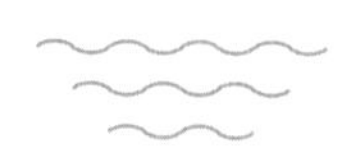

제2차 세계대전은 우트시라에 가혹한 시간이었다. 전쟁 기간 동안 섬은 오지인데도 열강들의 눈에 띄어 전쟁에 엮일 수밖에 없었다. 400명의 나치 군인들이 점령하여 섬 중앙의 계곡을 주둔지와 연병장으로 바꾸었다. 야생화가 줄지어 피던 좁은 길에는 군용 막사와 그을린 석유통이 들어섰다. 우트시라의 두 등대 중 작은 등대는 방공초소(지금은 휴대전화 기지국)가 되었으며, 큰 등대는 꺼졌다. 큰 등대의 옥상은 이 전략적 요충지의 망루로 사용되었다. 거기에 올라갔더니, 1890년 파리에서 제작된 반짝이는 프레넬 렌즈의 깨진 조각이 보였다. 한 어설픈 나치 군인이 불 꺼진 조명실을 순찰하던 중 메고 있던 소총 개머리판으로 렌즈를 깨트리는 바람에 남은 조각인 듯했다.

우트시라를 수중에 두면 장기적인 이득이 있었다. 왜냐하면 그곳은 언제라도 지도상의 식별 표시나, 폭풍 시 긴급 피난처 또는 하늘과 바다의 관측 지점이 될 수 있었기 때문이다. 냉전 동안 섬의 등대지기는 나토의 감시병이 되어 소련 잠수함, 선박 및 비행기를 감시했다. 섬에는 방사능 측정용 가이거 계수기가 여전히 전시되고 있어, 당시의 살벌한 상황을 생생히 전해주었다.

기상 관측소는 종종 그와 같은 역할을 한다. 평화시라면 날씨 관측은 갑판 청소나 가로수 정돈처럼 공익 활동이다. 하지만 전시에는 관측 활동은 비밀이 되며 일기예보는 무기로 쓰인다. 그럴 필요성이 절실했기에 기상 관련 네트워크와 신기술도 발달했다.

제2차 세계대전은 기상 관측이 개별 장소들의 집합에서 하나의 전 지구적 시스템—지상, 공중 그리고 얼마 지나서 우주에서 실시되는 관측에 기반을 둔 시스템—으로 변모하는 시발점이었다. 하지만 그 과정은 점진적이었고, 기술 발전과 군사적 필요가 이끌었다. 북대서양에서의 전투는 서쪽의 래브라도(캐나다 인근)와 그린란드에서부터 바렌츠해의 스발바르 제도와 프란츠 요제프 빙하를 거쳐, 동쪽으로 노바야젬랴(Novaya Zemlya) 제도—바렌츠해를 시베리아 북부의 카라(Kara)와 구분하는 경계가 되는 지역—까지 걸쳐 벌어졌다.

전쟁 내내 독일은 기상 관측 면에서 확연히 불리했다. 연합군은 북쪽과 서쪽 지역들을 장악하고 있었는데, 폭풍은 서쪽에서 동쪽으로 그리고 북쪽에서 남쪽으로 이동하는 경향이 있었다.

전쟁 전에 그린란드와 아이슬란드의 멀리 떨어진 고래잡이 전초기지들은 그 지역 전체에 걸쳐 고래잡이배들에게 도움이 되도록 기상 관측 정보를 무선으로 주고받았다. 하지만 남북전쟁으로 인해 미국에서 스미스소니언 협회의 초기 기상 관측망이 와해되었듯이, 제2차 세계대전으로 인해 북대서양에서의 기상 데이터 교환이 중단되고 말았다.

그리하여 베터딘스트(Wetterdienst)라는 나치의 기상 서비스가 재빨리 가동되었다. 관측 선박들이 북해와 대서양으로 떠났으며, 기상학자들이 승선하여 기구를 날려 보냈다. 연합군이 비무장 선박들을 격침시키기 시작하자 베터딘스트는 새로운 기술적 해법에 눈을 돌렸다. 지멘스-슈케르트베르케 사(오늘날 독일의 대기업 지멘스의 모태)가 자동 기상 관측소를 개발했다. '두꺼비'란 뜻의 크뢰테(Kröte)라는 암호명의 이 시설에는 니켈-카드뮴 배터리와 관측 정보를 송신하기 위한 고성능 무선 장치가 들어 있었다. 가장 초기 버전은 외딴 장소에 비행기로 싣고 갈 수 있을 정도로 작았는데, 비밀리에 운영하는 것이 관건이었다.

첫 번째 크뢰테는 1942년에 노르웨이의 섬 스피츠베르겐에 설치되었다. 하지만 금세 발견되어 폭파되고 말았다. 베어 아일랜드(Bear Island)에 설치된 두 번째 것은 그만 곰 때문에 안테나가 망가져버렸다. 200대 이상의 유보트가 북대서양을 순찰하면서 영국 봉쇄를 유지하고 있던 당시 독일은 기상 관측이 절실했다. 1943년 가을 지멘스는 10미터짜리 안테나가 장착된 신형 크뢰테를 개발했다. 암호 메시지를 북아메리카 해안으로부터 유럽의 수신국까지 전송할 수 있을 정도로 성능이 우수하면서도, 잠수함의 어뢰관에 넣을 수 있을 만큼 작은 크기였다.

1943년 9월 30일 밤 U-537호가 노르웨이 베르겐의 콘크리트 창고에 있던 크뢰테를 싣고 출항했다. 목적지는 현재로 보자면 래브라도르와 퀘벡의 경계 근처였다. 선장이 보기에 그곳은 빙하가 없을 정도로 충분히 남쪽이며 지역민들이 없을 만큼 충분히 북쪽인 위치였다.

1970년대에 공개된 군사 기록물 사진을 보면 배가 북아메리카에 도착했을 때의 장면이 담겨 있다. 검은 니트 모자를 쓴 일곱 명의 선원이 유보트 갑판에 비스듬히 놓인 소형 고무보트 주위에 서 있는 모습이다. 선원들은 가을 안개 속에서 회색의 금속용기 열 개를 근처 언덕 꼭대기까지 옮겼다. 각각 크기는 큰 통 정도이며 무게는 90킬로그램쯤이었다. 시스템 조립을 완료한 선원들은 금속용기에다 '캐나다 기상 서비스(Canadian Meteor Service)'라고 손으로 글씨를 썼으며 주변에다 미국 담뱃갑들을 던져 놓았다. 위성통신, 태양광 패널 및 소형 센서들이 흔해진 오늘날의 기준으로 보아도 대담한 발상이었다. 은밀한 대륙간 자동 기상관측소인 베터-풍크게래트 란트(Wetter-Funkgerät Land)는 그렇게 탄생했다. WFL-26이라는 표시 번호를 부여 받은 외딴 기상 관측소는 한 달 남짓 가동되다가 어찌된 일인지 통신이 끊기고 말았다.

이후 이 관측소는 40년 동안 기억속에서 사라졌다. 1952년 어느 미 해군 팀이 DEW 라인(Distant Early Warning Line)—소련의 장거리 폭격기를 감시하기 위해 설치된 장거리조기경보망—이라는 거대한 레이더를 설치하려고 그 지역을 순찰할 때도 그걸 놓쳤다. 한 캐나다인 지형학자는 1977년에 그걸 찾고서도 용기에 적힌 내용을 그대로 믿었다. 자동화된 캐나다 기상청 관측소라고 여긴 것이다.

사람들이 실체를 알게 된 것은 은퇴한 지멘스 직원이자 역사가인 프란츠 젤링거(Franz Selinger)가 U-537호의 항해일지에 붙어 있던 특이한 풍경 사진을 알아본 이후였다. 그제야 사람들은 나치가 북아메리카 땅에 침입한 유일한 증거인 관측소를 찾아 나섰다. 그리고 마침내 1981년 캐나다 쇄빙선에 올라 탄 프란츠와 한 캐나다 군사역사가가 관측소를 찾아냈다. 야금야금 약탈을 당해 전선이 끊겨 있었고 내용물은 바위 모서리에 흩어져 있었다. 오늘날 '기상 관측소 쿠르트'—관측소의 정부 관리인이었던 쿠르트 좀머마이어(Kurt Sommermeyer)의 이름을 딴 명칭—는 오타와에 있는 캐나다전쟁박물관에 전시되어 있다. 다른 숱한 무기들처럼 칙칙하고 흉한 모습이다. (U-537호는 태평양 바닥에 가라앉아 있다. 잠수함 USS 플라운더호의 공격을 받아 1945년에 침몰했기 때문이다.)

색다른 이야기다. 기상 연구의 간절함과 할리우드 영화에 어울릴 법한 기술적 허세가 결합된 한 편의 드라마라고나 할까? 하지만 엄연히 기상 관측 역사의 이정표가 된 사례이다. 전보 기반

기상 관측소 쿠르트

의 관측망이 운영되던 첫 번째 세기 동안에 기상학자들은 관측 범위를 넓히고 등대와 배와 비행장을 장악하는 데 몰두했다. 전쟁은 지도를 반반씩 자르고 말았다.

하지만 덕분에 새로운 기술 발전이 뒤따라서 날씨에 관한 새로운 광범위한 시야가 열릴 가능성이 높아졌다. 기상 관측소 쿠르트 이전의 100년 동안에는 전보를 이용해 날씨에 관한 소식을 날씨 자체보다 더 빠르게 전송할 수 있었다. 하지만 누군가는 거기에 있어야 했다. (지금도 우트시라에서 그렇듯이 누군가는 거기에 있다.) 쿠르트는 스스로 작동할 수 있는 새로운 관측소의 원형이었다. 곧 이런 관측소들이 대서양의 머나먼 구석뿐 아니라 지상으로부터 높은 곳에도 설치되었다.

또 하나의 나치 기술이 하늘 관측의 새로운 가능성을 열었다. 전쟁 막바지에 독일의 로켓 공학자 베르너 폰 브라운은 가공할 기술적 도약을 이루어냈다. 최초의 유도 미사일인 V-2 로켓, 즉 '복수의 무기'의 발사에 성공했다. 끔찍할 정도로 부정확해서 의도한 목표 지점에서 한참 벗어나긴 했지만, 런던, 앤트워프 및 리에주에서 9천 명의 목숨을 앗아간 무기였다. 전쟁이 끝난 후 미국과 소련은 남은 로켓과 로켓 설계 과학자들을 샅샅이 거두어 갔고, 폰 브라운은 미국에서 다시 로켓 연구를 이어갔다.

냉전 초기에 우선순위는 V-2를 군사적 용도에 맞게 꾸준히 개조하는 일이었다. 정말이지 V-2 로켓 설계는 핵탄두와 우주비행사를 실어 나를 수 있는 소련과 미국 로켓의 기반 역할을 했다. 하지만 그전에는 날씨 관측용으로 사용되었다.

1946년 시월 네바다 주의 미사일 시험장인 화이트샌즈 미사일 레인지(White Sands Missile Range)의 기술자들은 포획한 V-2의 노즈콘(nose cone. 로켓·항공기 등의 원추형 앞부분_옮긴이)에 카메라를 설치한 다음에 하늘로 곧장 쏘아 올렸다. 30초 만에 로켓은 시야에서 사라졌다. 하지만 로켓은 뒤를 돌아보며 1.5초마다 35mm 카메라로 사진을 촬영했다. 그렇게 130킬로미터 고도까지 올랐다가 사막에 떨어졌다. 정찰기가 산해를 발견하여 필름을 찾아냈는데, 필름은 식판 크기 지름의 원통형 강철 카세트 안에 보호되어 있었다.

"필름이 발견되었을 때 그야말로 극적인 장관이 펼쳐졌다." 카메라 설계자 클라이드 T. 홀리데이(Clyde T. Holliday)는 회상했다. "사진들을 보니까 V-2 로켓 탑승자가 만약 그 높이까지 솟았다가 다시 내려올 때까지 살아 있다면 보았을 장면, 그리고 우주선을 타고 지구로 찾아온 방문객이 바라볼 지구의 모습이 담겨 있었다."

이전에는 상상만 했던 장면이었다. 그러나 이 사진이 실용적으로 매우 유용하다는 것은 명약관화했다. 사상최초로 우주의 가장자리까지 도달한 카메라는 거의 100만 제곱마일에 이르는 미국 지역을 사진으로 담았다. 지구의 둥근 굴곡이 확실히 보였고, 아울러 수백 마일 길이의 구름들이 가지런히 늘어선 모습도 보였다.

기상학자들은 금세 새로운 가능성에 잔뜩 기대를 품었다. 미국 기상청장 프랜시스 레이첼더퍼(Francis Reichelderfer)는 존스홉킨스 대학의 응용물리연구소에 있는 카메라 설계자들한테서 얻은 영상 복사본을 전국의 모든 기상 서비스 기관과 공유하길 원했다. "기상 예보자들이 아마도 장래에 훌륭한 일기예보 수단이 될 것을 엿볼 수 있도록" 하기 위해서였다. 아직은 실제 궤도 위성을 상상할 수는 없던 시절이었기에, 카메라 설계자인 홀리데이는 카메라를 로켓에 부착한 그 한 번의 실험을 어떻게 전면적인 기상관측 '시스템'으로 확장시킬 수 있을지 궁리하기 시작했다.

홀리데이는 좀 더 상세하게 이렇게 썼다.

"카메라가 부착된 유도 미사일을 매일 미국 대륙 곳곳으로 보내서 구름, 폭풍 전선 및 흐린 하늘을 몇 시간 만에 촬영할 수 있다면, 일기예보는 지금보다 더 정확해질 수 있다." 하지만 그렇게 된다고 보긴 어려웠다. 기껏해야 임시방편 측정일 뿐이고, 그것도 로켓이 궤도에 진입할 정도로 추진력이 강할 때라야 가능했다.

실제 기상관측 우주선이 어떤 모습일지 가늠해보는 일은 랜드 코퍼레이션(RAND Corporation)에 맡겨졌다. 핵전쟁 계획에서부터 초기 인터넷 개발에 이르기까지 당대의 온갖 복잡한 기술 시스템에 손을 대던 곳이었다. "그런 고도에서 지적이고 사용 가능한 기상 (구름) 관측을 한다고 볼 수 있을까? 그리고 그런 관측으로 뭘 알아낼 수 있을까?" 이렇게 1951년의 일급비밀 보고서 "위성 운반체로 인한 날씨 정찰(Weather Reconnaissance from a Satellite Vehicle)"의 저자는 의문을 표현했다.

우려되는 점은 위성은 보기만 할 뿐 측정하지 않는다는 것이다. 사진만 찍을 뿐 수치라든가 오늘날 기상학자들한테 긴요한 정량적인 측정치도 제공하지 않았다. 날씨를 계산하는 노력에 전혀 도움을 주지 못하고 그저 일기예보를 어떤 특정한 방향—다시금 실증적인 방법—으로 이끌 것이 분명했다. 1948년만 하더라도 빌헬름의 아들이자 당시 UCLA의 기상학 교수였던 야코브 비에르크네스는 이 문제점에 대해 이렇게 우려하고 탄식했다. "로켓 사진만에 의한 기상도 분석에 늘 따라다니는 단점은 기압 상태를 정량적으로 파악하지 못하는 것이다." 아울러 데이터의 이 새로운 범주는 시각적이었다. "분석자는 기상학의 시각적 요소에 의지해서 기상 상황을 파악할 수밖에 없다."

더군다나 위성이 보는 것은 다른 모습일 테다. 인간은 늘 구름을 올려다보았다. 이제 기상학자들은 구름을 위에서부터 파악해야 한다. "구름을 '내려다보기'로 바뀌는 것은 땅에서 관찰하여 구름의 종류를 식별하기 위한 주요 특징들이 더 이상 보이지 않는다는 뜻이다"라고 랜드 코퍼레이션의 연구자들은 짜증을 냈다.

하지만 미국 기상청의 젊은 기상학자 해리 웩슬러(Harry Wexler)는 정성적이든 정량적이든 위성의 잠재력에 큰 매력을 느꼈다. 웩슬러는—전기 작가인 제임스 로저 플레밍(James Rodger Fleming)의 표현대로, 기상학계의 젤리그처럼(젤리그(Zelig)는 동명의 영화 속의 인물로, 무엇이든 될 수 있는 사람을 뜻한다_옮긴이)—이미 딱 알맞은 때에 딱 알맞은 장소에 있는 재주를 이미 입증했다.

웩슬러는 애초부터 재능이 넘치는 사람이었다. 하버드에서 수학 학위를 그리고 MIT에서 박사 학위를 받았으며, 비에르크네스의 교수였던 칼 구스타프 로스비(Carl-Gustav Rossby. 베르겐의 베르바르슬링가 폰 베스틀란데 사진 속에 나오는 젊은이들 가운데 한 명) 밑에서 학업을 마쳤다.

기상청에 들어온 후 웩슬러는 1940년 여름을 뉴욕시에 새로 생긴 라과르디아 공항에서 보냈다. 기상학자들에게 베르겐 학파의 기법—대서양을 횡단하기 시작한 고속 항공기들을 위해 일기예보를 제공하는 더 나은 방법—을 새로 숙달시키기 위해서였다.

전쟁 기간 동안 웩슬러는 미공군의 기상 부서—기상 관측소 쿠르트에 해당하는 미국의 부서—를 위한 연구개발을 이끌었다. 게다가 더글러스 A-20의 보조석에 탑승하여 허리케인 속을 비행한 사상 두 번째 사람이기도 했다. 아울러 최초의 핵폭발 실험인 트리니티 실험에도 참여했는데, 핵폭발 충격파의 압력을 측정하기 위한 자기 기압계를 설치하는 임무를 맡았다. 그는 기상학의 당면 한계점—그리고 장래의 가능성—을 꿰뚫어본 통찰력의 소유자였다.

웩슬러는 기상 관측이 나아갈 방향에 관한 이론을 정립해놓았다. 제2차 세계대전 동안 기술 발전이 있기 전까지 기상학은, 그의 표현대로, 두 가지 "렌즈"에 국한되어 있었다. 하나는 육안으로 볼 수 있는 "미시적" 시야로서, 날씨가 좋을 경우 대략 3~40킬로미터까지 볼 수 있다. 다른 하나는 "거시적" 시야로서, 관측망을 이용해 광범위한 지역을 볼 수 있다. 전보가 등장한 이후 거시적 렌즈는 주된 도구가 되었다.

"지구 표면의 최대한 넓은 지역에 걸쳐 흩어져 있는 다수의 장소에서 동시에 날씨를 관측하고, 한 중심 관측소로 관측 자료들을 즉시 전송하고, 이를 비탕으로 특정 지역의 현재 날씨를 보여주는 지도를 작성할 수 있게 되자, 이 현재 상태들이 어떻게 변동하고 따라서 가까운 미래에 다른 지역에서 날씨가 어떻게 될지 알아낼 수 있게 되었다." 1947년에 웩슬러는 지난 한 세기 동안의 일기예보 전체 프로젝트를 요약하면서 위와 같이 적었다. 요지는 이거였다. 관측하고 수집하고 지도로 만들어라.

하지만 거시적 시야도 웩슬러가 보기에 한계가 명확했다. 여전히 관측소가 결코 충분하지 않았다. 정말이지 결코 충분할 수가 없었다. 거시적 시야는 한 관측소에서 이루어진 관측의 '대표성'에 달려 있다고 그는 적었다. 그러나 아직 어떤 하나의 관측소는 지구의 한 장소, 지도의 한 점일 뿐이었다.

거시적 시야가 아쉽게도 해상도 면에서 한계가 있다면, 미시적 시야는 범위 면에서 한계가 있었다. 미시적 시야는 폭풍 구름의 사진처럼 "날씨를 구성하는 더 작고 더 정교한 세부사항"을 보여주긴 하지만, "대기라는 큰 천 조직의 실 몇 가닥만을 기상학자에게 드러내줄 뿐이다." 오직 거시적 시야만이 "대기의 변동 과정의 장대한 특징을" 보여줄 수 있다. 웩슬러는 하나의 통합된 시야가 필요하다고 결론 내렸다. 한마디로, 해상도가 높으면서도 크기가 큰 그림이 필요했다.

1954년, 화이트샌즈에서 발사된 에어로비(Aerobee) 로켓 한 대가 깜짝 선물을 안고 돌아왔다. 바로 멕시코만에서 소용돌이치는 열대 폭풍의 선명한 영상이었다. 《라이프》는 사진을 마치 유명한 아기라도 되는 듯 다루어, 한 면에 가득 차게 실었다. 당시 기상청의 기상연구소 소장이던 웩슬러는 이 신기술의 잠재력에 찬사를 보냈다. "멕시코 국경을 따라 얻을 수 있는 빈약한 기상학적 증거를 갖고서는 누구도 지표면 위에 작지만 강렬한 소용돌이 하나가 허리케인의 세기로 커지고 있을 줄은 짐작조차 못 했다."

그 사진은 웩슬러의 추가 영상 작업의 출발점이 되었다. 그해 뉴욕의 헤이든 플라네타리움(Hayden Planetarium) 천체투영관에서 웩슬러는 자기가 의뢰한 그림 하나를 선보였다. 화가는 카메라가 우주에서 보았을 법한 장면, 즉 (비록 상상이긴 하지만) 두드러진 기상 요소들이 가득 찬 장면을 그림으로 그렸다. 미국 동부 상공에 줄지어 늘어선 폭풍들, 캘리포니아의 안개, 알래스카의 사이클론 등이 그려져 있었다.

독일 천문학자 요하네스 케플러는 목성의 위성들을 묘사하기 위해 1611년에 처음으로 라틴어 단어 사텔레스(satelles. '수행자, 경호원'이라는 뜻. 영어로는 satellite_옮긴이)를 사용했다. 1936년 이전까지는 지구 궤도를 도는 인공 물체를 가리키는 데 쓰이지 않던 단어였다. 1954년 즈음해서는 우주비행이 대중의 상상력을 한껏 사로잡았는데, 스푸트니크 발사로 우주비행이 생생한 현실이 되기 불과 3년 전이었다. 웩슬러는 우주비행의 경이로운 면 그리고 이전의 기상관측과는 비교불가인 기술 발전을 열렬히 찬양했다. "인공위성은 인간이 고안한 것 중에서 날씨의 영향을 전혀 받지 않는 최초의 도구이기에, 이 도구가 기상학에 혁명을 불러올 것이라는 말은 처음에는 부적이나 놀랍게 들릴지 모른다."

인공위성에 강한 인상을 받은 사람 중에는 작가 아서 C. 클라

크도 있었다. 그는 웩슬러가 강연 내용을《영국 행성간 협회 저널(Journal of the British Interplanetary Society)》에 싣도록 권유하기도 했다. 바야흐로 과학적 허구(science fiction)가 과학적 사실(science fact)이 되어가고 있었다.

인공위성이 약속한 새로운 시야는 실로 충격적이었다. 웩슬러는 지구가 우주에 둥둥 떠 있는 모습이 어떨지 자세히 상상하면서, 15년 후에나 등장할 "푸른 지구" 사진을 내다보았다. 그는 "수천 킬로미터 길이의 무역풍 띠" 그리고 "지구의 움직임과 연동되어 대기가 움직여 생긴 미세한 보이지 않는 소용돌이"를 마음속으로 떠올렸다. 웩슬러가 깨달았듯이, 인공위성은 일기예보를 위한 새로운 시야보다 훨씬 많은 것, 즉 우리 모두를 위한 새로운 시야를 가져다줄 도구였다. "기상학자들이 대기에 관해 모르는 것이 많지만, 한 가지 확실히 아는 것은 대기가 나눠질 수 없다는 사실이다"라고 그는 적었다. "기상학은 이처럼 전 지구적인 성격이 있으므로, 진정으로 전 지구적인 역량을 지닌 관측 플랫폼이 나오기 마련이다." 하지만 그는 자신이 내다본 기상학적 글로벌리즘의 이런 전망이 실현될 때까지 살지 못했다. 웩슬러는 1962년 51세의 나이에 심장마비로 세상을 떠났다.

1950년대 말, 신설된 나사(NASA)는 굉장히 발 빠르게 우주선들

을 쏘아올리고 있었다. 그러자 상상으로만 여겼던 지구 전체에 대한 시야가 현실이 되어가고 있었다. 뱅가드 2호는 대략 지름이 50센티미터이고 무게가 10킬로그램인 인공위성으로서, 1959년 2월에 발사되었다. 여기에 실린 촬영 장치는 적외선 광전지를 이용하여 지표면의 알베도(albedo), 즉 반사율을 탐지했다. 한마디로 우주 공간을 나는 지구 관측 '로봇'이 가동된 셈이다. 하지만 촬영 장치가 흔들리는 바람에 데이터는 쓸모없어지고 말았다.

여섯 달 후 익스플로러 6호가 지구를 담은 최초의 사진을 전송했지만, 사진을 현상할 수가 없었다. 그러나 그 해가 끝나기 전 익스플로러 7호가 최초의 선명한 영상을 전송하는 데 성공했다. 그리고 1960년 봄에는 케이프커내버럴에서 발사된 (V-2 로켓의 후속작인) 토르-아블(Thor-Able) 로켓이 최초의 실험용 기상 위성—타이로스 1호—을 우주 공간에 띄웠다. 아침 식탁 크기에다 성인 남성 무게인 18면의 원통형인 이 위성은 맨 아래 부분을 제외하고 태양전지판을 두르고 있었다. 몸체에서 막대기 하나가 요요 줄처럼 뻗어 나와 있었는데, 몸체가 이리저리 흔들리지 않도록 하는 용도였다.

이 위성은 기울어진 채 빙글빙글 도는 놀이기구인 틸트어휠(tilt-a-whirl)처럼 고정된 자세로 우주공간을 미끄러지듯 비행했는데, 따라서 위성에 장착된 카메라 두 대는 궤도의 일부 구간에서만 지구 쪽으로 향했다. 각각 물잔 크기의 두 카메라는 오백 라인(line) 크기의 사진 한 장을 2초 만에 촬영한 다음에, 궤도상의 알맞은 위치에 도착했을 때 지상 관제소로 사진을 전송하거나 자기 테이프에 저장했다.

타이로스 1호가 발사된 당일 오후에 나사가 공개한 첫 번째 영상을 본 사람들은 모두 새로운 시대가 왔음을 알 수 있었다. 타이로스 1호 발사 전에 나온 다른 신형 로켓들은 모두 시작 내지는 중간 단계에 불과했다. 타이로스는 달랐다. 마침내 지구를 내려다본 이 위성은 〈뉴욕타임스〉의 표현대로, "우리가 사는 지구를 대상으로 우리가 무언가를 해내는 능력에 새로운 차원을" 보탰다. 그리하여 "기상 전문가들이 보기에, 근래의 성공적인 위성 발사는 17세기에 망원경의 발견으로 인해 천문학자들이 품었을 전망을 품게 했다." 곧 그 기술의 쓸모가 입증되었다. 1961년 타이로스 후속 모델이 허리케인 칼라(Carla)를 찾아내어, 멕시코만에 사는 35만 명을 대피시킬 수 있었다.

하지만 지구 궤도를 돌며 지구를 관측하는 인공위성이라는 이 신기술은 금세 글로벌리즘의 낙관적인 전망과 핵 시대의 끔찍한 위협 사이에 갇히고 말았다. 인공위성을 만든 기술은 분명 정반대로 사용될 수 있었다. 가령, 스파이 활동이라든가 지구 반대편으로 핵탄두를 날려 보내는 데 쓰일 수 있었다. 타이로스 1호 발사 당일 아이젠하워 대통령은 교묘하게 이런 짧은 말을 했다. "휘어져 있다는 걸 알고 나면 지구가 그리 커 보이지 않습니다."

대통령의 말은 통합의 정신을 의미했을까 아니면 정복을 의

미했을까? 모두들 깜짝 놀랐듯이, 지구 전체를 보는 이 새로운 시야는 지구 어디에든 영향을 미치는 듯했다. 하지만 그것은 정반대의 의도, 즉 지구의 냉전 고착화와 인류 멸종의 가능성과 함께 찾아왔다. 이 새로운 기상 위성들을 냉전의 광범위한 지정학과 무시무시한 열강들의 무력시위로부터 분리해내기는 불가능했다. 현실적으로 봤을 때, 기상 위성과 정찰 위성을 그리고 화물운송 로켓과 대륙간탄도미사일을 명확히 구분하기 어려웠다. 두 측면이 공존했다. 군사적 용도가 기상 활동을 정당화시켜주었고, 기상 활동은 군사적 용도로부터 혜택을 입었다.

웩슬러와 기상청 동료들이 나사와 함께 타이로스 1호를 개발하고 있을 때 CIA도 일급비밀인 코로나(Corona) 프로그램을 재빠르게 추진했다. 인공위성에 탑재된 카메라에서 필름 캡슐을 떨어뜨리면, 지나가는 비행기가 공중에서 캡슐을 낚아채는 임무였다. 1960년에 U-2 정찰기가 소련 상공에서 격추되어 프랜시스 개리 파워스(Francis Gary Powers)가 체포되었을 때에도 미국 정부는 '기상 연구'를 수행하고 있었다고 주장했다. 이 어설픈 주장을 뒷받침하려고, 동체에다 나사 휘장을 급조하여 그려놓은 또 다른 U-2 정찰기를 내세우기도 했다.

기상 위성에 관한 원래의 RAND 보고서에서 보더라도, 위성은 지구를 내려다본다는, 즉 정찰한다는 거대한 시도의 일환이었다. 날씨는 전 세계를 하나로 연결했지만, 날씨 관측 기술은 전 세계를 뿔뿔이 흩어지게 만들 잠재력도 갖고 있었다. 민간의 필요와 군사적 필요가 늘 결합되어 있는 현실을 안다는 것만으로도 뼈아픈 일이었다. 온 지구를 파괴하려고 나온 기술 덕분에 온 지구를 볼 수 있게 된 셈이었다.

이와 같은 정치적 상황이 기상학에 활력을 주었는데, 단지 CIA의 공작 차원은 아니었다. 1961년 미국 대통령에 당선된 존 F. 케네디는 날씨야말로 실용적인 이유에서든 상징적인 이유에서든 소련과의 협력을 진작시킬 수단임을 간파했다. 케네디에 관한 전기에서 작가 마이클 오브라이언이 풀어낸 이야기에 따르면, 비 오는 어느 날 오후 대통령은 과학 자문인 제롬 위스너(Jerome Wiesner)에게 핵실험의 기술적 세부사항을 캐물었다고 한다. 환경에 미치는 영향을 이해하고 아울러 미국과 소련이 줄기차게 벌이고 있던 실험을 위한 실험을 멈출 방법을 찾기 위해서였다. 케네디가 물었다. "대기 속의 낙진은 어떻게 땅에 떨어집니까?"

"비에 섞여 내립니다." 위스너가 대답했다.

"지금 저기 내리는 비에도 방사능 오염물질이 있을지 모른다는 뜻입니까?" 케네디가 대통령 집무실의 창밖을 바라보며 물었다. 이 솔직하고 심오한 자각—우리 모두는 똑같은 하늘 아래 산다는 진실—은 곧 케네디의 수사와 정치에 등장했다. 지구 전체를 대상으로 삼는 기상학이 자연스레 그의 관심을 끌었다. 기상학이야말로, 전직 호주 기상청장 존 질먼(John Zillman)이 내게 말해준 대로, "열강들이 서로 정치에서 눈을 떼고 함께 합력하고 모두가 혜택을 입을" 분야였다.

기상학은 케네디의 과학적 야심을 충족시켜주었고, 아울러 우주 탐사 및 군사용 미사일 개발을 보완하는 역할을 했다. 게다가 부상하던 초음속 비행 시대의 새로운 글로벌리즘 그리고 열강들의 기술적·지정학적 야망 사이에서 적절한 균형을 이룬 분야이기도 했다.

그해 4월 소련이 우주비행사 유리 가가린을 지구 궤도에 올렸다. 유리 가가린은 우주에 오른 최초의 인간이 되었다. 6주 후에 케네디는 이렇게 반응했다. "우리나라는 십 년 내에 사람을 달에 보냈다가 무사히 지구에 귀환시키는 목표를 기필코 달성하리라고 저는 믿습니다." 미국의 양원 합동 회의에서 케네디가 한 이 말은 재직 중 가장 유명한 문구 중 하나가 되었다.

하지만 사람을 달에 보내는 것은 "긴급한 국가적 필요"에 관한 연설의 첫 번째 내용에 불과했다. 두 번째는 "아마도 달 너머로" 탐험하기 위한 핵추진 로켓의 개발이었다. 세 번째는 통신위성을 위한 5천만 달러였다. 그리고 네 번째—지금은 잊힌 내용—는 "최대한 이른 시기에 전 세계적인 기상 관측을 위한 위성 시스템을 구축하는 데 쓰일" 7천 5백만 달러였다. '전 세계적인'이라는 표현이 중요했다. 이는 전 지구적 헤게모니를 위한 미국의 제국주의적 야심을 드러낸 것이기도 하지만, 존 러스킨의 표현대로 "체계적이고 동시적인 완벽한 관측 시스템"이라는 기상학자의 꿈이 곧 정부 정책이 될 것임을 보여준 사례이기도 했다.

위스너는 노르웨이 기상학자 스베레 페테르센—비에르크네스의 조수—에게 의뢰하여 보고서를 하나 작성하게 했다. 다가오는 시대를 위한 '대기과학'의 잠재력을 다룬 보고서였다. 페테르센의 권고사항 중에는 콜로라도주 볼더에 세워지게 될 미국 국립대기과학연구소(National Center for Atmospheric Research) 설립도 포함되어 있었다. 하지만 페테르센은 국내 활동으로서 주요 대학들과의 협력과 더불어 국제 활동으로서 다른 나라 기상청과의 협력도 필요하다는 것을 분명히 밝혔다.

1961년 9월에 열린 유엔총회 연설에서 케네디는 다시금 전 지구적인 기상 관측의 열망을 토로했다. 파괴적인 미사일 경쟁을 촉발하는 냉전의 긴장을 해소하고 생산적인 과학 활동으로 방향을 돌리기 위해서였다. 케네디는 이렇게 운을 뗐다.

"오늘날 지구의 모든 거주민은 이 행성에 아무도 살 수 없게 될 날에 대해 심사숙고해야만 합니다." 이어서 이렇게 말했다. "남자도 여자도 아이도 가느다란 실에 매달린 다모클레스의 핵검 아래 살고 있습니다. 그 실은 실수나 계산착오 또는 광기에 의해 언제든 끊길 수 있습니다. 전쟁 무기가 우리를 쓸어버리기 전에 우리가 전쟁 무기를 쓸어버려야 합니다."

케네디가 이 멸망의 위협에 맞서기 위해 제시한 절차들에는 이후로 오랫동안 효과를 발휘하고 있는 핵실험금지조약 체결과

UN평화유지군 창설이 들어 있었다. 그리고 다시 한 번 날씨를 마지막 중대 항목으로 제시했다. 아무도 관심 갖지 않을 수 있는 문장에서 그는 이렇게 덧붙였다. "기상 예측 그리고 궁극적으로는 기상 통제를 위해 만국의 지속적인 협력을 제안하는 바입니다."

정치사에서 보면 주석에 불과한 이 말은 기상학에서는 변혁의 순간이었다. 제2차 세계대전이 끝나고 여러 해가 지나면서 국제기상기구는 세계기상기구로 재편되었다. 이어서 이 기구는 자매기관인 세계보건기구와 국제통신연맹과 더불어 유엔의 특수기관이 되었다. 전체적으로 봤을 때 유엔과 마찬가지로 세계기상기구는 미국의 활동으로부터 혜택을 입었다.

1962년 해리 웩슬러는 소련의 기상 담당자 빅토르 부가예프(Viktor Bugaev)와 공저로 "세계기상감시"를 제안하는 보고서를 작성했다. 보고서는 "관측 수행을 위한 조율 계획"일 뿐만 아니라 관측 정보를 자동적이고 체계적으로 교환하기 위한 공동 작업이었다. 아울러 이 정보를 처리하여 "분석과 진단"을 얻어내고 다시 그 결과를 "원하는 각국의 기상청에 배포하는" 활동을 하자는 제안이었다. 세계기상감시는 세 가지 시스템으로 구성될 터였다. 글로벌 관측 시스템, 글로벌 데이터 처리 시스템 그리고 글로벌 통신 시스템.

세계기상기구는 4년마다 제네바에서 회의를 개최했는데, 케네디의 연설이 있은 지 18개월 후인 1963년 4월에 위의 아이디어는 구체화되었다. "세계기상감시의 개념은 흥미로운 발전이라고 일반적으로 인정되었다"고 외교적 열정이 깃든 내용이 회의 요약집에 기록되었다.

전 세계의 기상학자들은 세부 내용을 준비해 산더미 같은 논문들을 쏟아냈다. 이후 십 년 동안 수십 건의 세계기상감시 보고서가 발표되었는데, 1967년 한 해에만 스물다섯 건이 나왔다. 보고서 제목들만 봐도 전 지구적 관측 시스템을 차근차근 세우려는 광범위한 노력이 엿보인다. 한 세기 전에 비엔나에서 국제기상기구의 제1차 회의 때 쏟았던 노력과 비슷했지만, 이제는 온갖 기술적 도구들이 활용되기에 이전과 달리 내용이 복잡해졌다. 맨 처음에 보고서 1—"열대 지역의 상층 대기 관측"—에서 기상학자들은 관측, 데이터의 전송과 처리의 모든 측면을 언급했다. 보고서 7은 제목이 "이동 및 고정 선박에서의 기상 관측"이었고, 보고서 16은 "글로벌 통신 시스템 기획"이었다.

보고서들을 읽어보니 놀랍게도, 이 시스템은 대단히 정교하게 설계되어 있었다. 기존의 각국 시스템들을 단지 합치는 수준을 넘어서, 철의 장막의 양측을 포함해 지구 구석구석에서 통합적이고 조율된 기구를 설계하려는 과학자들의 의식적인 노력이 있었다. 철학자 폴 에드워즈가 묘사했듯이, "진정으로 전 지구적인 정보를 생산하는 진정으로 전 지구적인 시스템"이었다. 핵심 개념은 운영 및 실험적 용도에서 기상 정보에 대한 개방적이고 평등한 접근이었다. 적어도 이론적으로는 텔레타이프 통신기만 구입하면 어떤 국가든 시스템에 접근할 수 있었다. 그리고 비교적 저렴한 소형 수신기만 있으면 APT(automatic picture transmission, 자동 사진 전송)라는 기술을 이용해 누구라도 최신 위성 영상도 활용할 수 있었다. 1975년 즈음 전 세계의 백 군데 기상청이 이와 같은 능력을 갖추었다. 우주에서 지구를 내려다보는 위성의 등장으로 인해, 해리 웩슬러가 꿈꾼 대로, 폭풍을 경고하는 기상학자들의 능력에 일대 혁신이 일어났다.

세계기상감시 헌장에 적힌 유일한 단서는 그 기구가 평화적 목적으로만 이용되어야 한다는 것이었다. 유엔 자체는 동과 서로 나뉜 전 세계의 긴장 상태로 인해 어쩔 줄을 몰라 했을 테지만, 기상 외교관들은 대기가 국경이 없음을 강조했다. 당시의 기술 수준을 감안했을 때 대담한 발상이 아닐 수 없었다. 기상 위성은 너무 비싸서 국가 안보의 이유로만 사용이 정당화될 수 있던 시대였다. 대체로 이런 제약은 기술과 관련된 것이었다. 기상 위성에 필요한 기술 혁신은 대륙간탄도미사일 및 정찰 위성과 상당히 겹쳤다. 하지만 정치적인 사안이기도 했다. 애국적 관점에서 위성의 매력은 또한 아래에 있는 국경들에 개의치 않고—주권과 영토에 대한 전통적인 인식을 뒤집으며—지구 전체를 날아다니는 능력을 부여한다는 것이었다.

위성은 전 지구적인 시야를 제공하는 전 지구적인 기술이었지만, 국가적 목표를 추구하는 개별 국가들이 소유하고 운영했다. 그런데 위성을 가장 잘 활용하려면 국가들 사이의 협력이 필요했다. 우주에서 제대로 관측이 이루어지려면, 위성은 이전보다 더 넓은 영역에 걸친 지상 관측이 필요했고, 지상 관측소의 분포도 더 큰 일관성이 필요했다. 세계기상기구의 연구자들은 냉철하게 이렇게 말한다. "기상 위성에서 얻은 데이터로부터 최대한의 이익을 얻기 위해서는 기존의 데이터를 추가적으로 얻기 위한 향상된 노력이 필요하다."

선순환 고리를 이루듯이, 기상 위성의 등장은 역설적이게도 지상 관측망의 팽창과 협력을 이끌어냈다. 전쟁 기간 동안 새로운 영역에서 새로운 기술들로 기상 관측 자료를 수집하게 이끈 기술적 동향이 있었다면, 이제 새로운 도구들은 오래된 관측소를 필요로 하게 되었다. 이에 따라 기상학자들은 기존의 지상 관측망을 업그레이드하고 합리화하고 조직화시켜나갔다. 1970년대에 이르자, 새로 결성된 글로벌 관측 시스템은 기상학자들의 오랜 염원인 "체계적이고 동시적인 완벽한 관측 시스템"에 그 어느 때보다도 더 가까이 다가서 있었다.

5
둘러보기

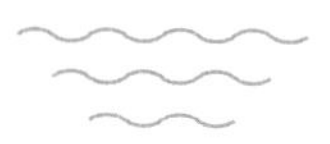

오늘날 운행 중인 기상 위성에는 두 부류가 있다. 정지궤도 위성(geostationary orbiter)과 극궤도 위성(polar orbiter)이다. 정지궤도 위성은 지구 자전과 같은 방향으로 돌기에 하늘에 고정되어 있는 듯 보인다. 이 위성들은 대기의 한 단일 영역에 관해 새로운 정보를 꾸준히 보내준다. 극궤도 위성, 다른 말로 지구 저궤도 위성(low earth orbiter)은 낮고 빠르게 난다.

이 위성들은 매 궤도마다 위치를 바꾸면서 북에서 남으로 그리고 남에서 북으로 지구를 도는데, 마치 칼로 오렌지껍질을 벗기듯이 지구를 도는 비행 패턴을 보인다. 저궤도 위성은 대기를 더 정밀하게 측정하지만, 관측 범위는 더 좁다. 오늘날의 저궤도 위성은 기상 모형에 가장 정량적인 데이터를 제공한다. 일기예보, 특히 이틀을 넘는 미래 시점에 관한 예보에서는 이 위성들이 미치는 유의미한 영향력이 절대적이다. 하지만 그 영향력을 보여주는 수치를 접하긴 어렵다. 세간의 주목을 몽땅 끄는 것은 정지궤도 위성과 이 위성들이 내놓은 극적인 영상이다.

초기의 기상 위성들은 타이로스 1호처럼 전부 극궤도 위성이었다. 이 위성들의 관측 범위를 조율한다는 것은 각 위성의 궤도마다 타이밍을 달리한다는 뜻이다. 즉, 각각의 위성이 지구의 상이한 영역을 상이한 시간에 날도록 한다는 말이다. 하지만 1966년 최초의 정지궤도 기상위성의 발사로 인해 전 지구적 관측 범위에 관한 위의 공식이 깨졌다. 정지 위성은 매일 지구 전체를 살피기보다는 한쪽 반구만을 지속적으로 볼 수 있다. 그러면서 한 지역에 관한 유용한 데이터를 80도 경도 폭까지 포착한다. 딱 알맞은 이름의 세계기상기구 소속 팀, 즉 정지 기상 위성 조율팀이 초기의 정지궤도 위성들을 엮어서 (하늘에 뜬) 중첩된 눈들의 집단으로 구성해냈다. 1970년대가 되자 신생의 유럽우주연구기구(European Space Research Organization)가 경도 0도 위에서 내려다보는 위성을 갖게 되었고, 일본우주국에서 발사한 위성은 동경 140도 위를 날았으며, 미국이 발사한 두 위성 중 하나는 서대서양 상공을 다른 하나는 동태평양 상공을 날았다.

오늘날의 기상 위성 집단은 당연히 훨씬 더 크다. 세계기상기구는 데이터베이스를 관리하고 있는데, 온라인으로 쉽게 접속 가능한 이 데이터베이스에는 스무 개 이상의 정지궤도 위성과

백 개 남짓의 저궤도 위성이 포함되어 있다. 하지만 복잡하고 광범위한 시스템이 종종 그렇듯이, 전체 목록을 다 살피려다가는 가장 중요한 구성원을 놓치기 쉽다.

가령, 대서양 상공에는 아홉 개의 정지 위성이 있는데, 특히 다음 두 위성이 돋보인다. 하나는 칼파나 1호로서, 2002년에 발사된 인도의 첫 전용 기상 위성이며 현재는 작동하지 않는다. 다른 하나는 펭윤 2H호인데, 가장 최근에 중국기상기구에서 발사되었으며, 이 글을 쓰고 있는 현재에도 정기 임무를 준비 중이다.

미국의 경우에는 양쪽 연안 상에 하나의 정지 위성을 두고서 관리하는 데 노력을 집중하고 있다. 동쪽 연안과 서쪽 연안에 배치된 위성의 이름은 각각 GOES-East와 GOES-West이다. GOES는 정지궤도 운영 환경 위성(Geostationary Operational Environmental Satellite)의 줄임말이다. 십 년에 한두 차례, GOES는 스마트폰 업그레이드처럼 새 버전으로 교체된다. 그러면 옛 버전의 GOES는 더욱 비밀스러운 임무(가령 남극과의 통신)를 위해 목적이 바뀌거나 "무덤 궤도"로 "쏘아 올려진다." 가끔씩 GOES가 정해진 임무 완료 시기 전에 망가지기도 한다. 하지만 다행히도 미리 준비해둔 예비 위성이 "궤도상 대기소"에서 기다리고 있다가, 몇 차례 로켓 추진을 통해 그 지점으로 투입된다.

지난 십 년 동안 GOES 프로그램은 록히드마틴이 실시한 110억 달러짜리 업그레이드를 받았다. 이 새 버전—GOES의 사십 년 역사 중에서 세 번째 버전—은 집합적으로 GOES-R 프로그램으로 불린다. 개발, 제작, 발사 및 운영 준비를 하고 있던 시기 동안, 각 위성은 끝에 붙이는 문자에 의해 식별되었다. 가령 GOES-R, GOES-S 이런 식이었다. 이후 운영 위치, 가령 동쪽이나 서쪽이 정해지고 나면, GOES-17, GOES-18 등의 이름을 얻는다.

이것이 중요한 까닭은 각각의 새 GOES에는 팬클럽이 생기기 때문이다. 기상학자들과 기상 마니아들은 마치 승승장구하는 쿼터백처럼 새로운 GOES를 대하는 경향이 있다. 기상 관련 사건이 있을 때마다 GOES에 관해 캐묻고, 성공과 실패를 분석하며, 가장 극적인 영상을 공유한다.

하지만 여느 스타와 마찬가지로 위성들의 가치는 논쟁의 소지가 있다. 최근에는 2016년과 2018년에 발사된 두 위성을 포함하여 네 개의 위성에 110억 달러가 쓰였다. 이 수치는 충격적인데, 왜냐하면 미국 기상청의 전체 연간 예산이 10억 달러 정도밖에 안 되기 때문이다. 더 냉철하게 말하자면, 이 위성들에 미국 일기예보 시스템 전체보다 더 비용이 많이 들었다. 오늘날의 일기예보에서 위성이 대단히 중요한 이유도 있지만, 미국 기상 시스템의 관료적 복잡성 때문이기도 하다.

미국의 기상 위성이 어떻게 작동하는지 진지하게 이해하려는 사람은 조직도와 두문자어 목록(어떤 두문자어는 그 자체의 두문자어를 갖기도 한다)에서부터 시작하면 좋을 것이다. 주요 기상 위성들은 미국 환경위성데이터정보서비스(NESDIS)가 운영한다. 참고로 미국 환경위성데이터정보서비스는 미국 국립해양대기청(NOAA) 소속이고, 다시 미국 국립해양대기청은 미국 상무부 소속이다. 미국 환경위성데이터정보서비스는 미국 기상청의 한 병렬 조직인데, 늘 미국 환경위성데이터정보서비스로 불리진 않는다. 때로는 '미국 국립해양대기청 위성정보서비스'로 불리기도 한다. 이것만으로도 혼란스럽기 그지없는데, 실상은 더 나쁘다. 매일 매일의 운영을 담당하는 미국 환경위성데이터정보서비스의 부서는 위성제품운용국(OSPO)인데, 이 조직은 위성데이터처리분배국(OSDPD)과 위성운용국(OSO)을 합쳐서 생겼다.

이런 뒤틀린 조직도에는 대가가 따르는 듯하다. 새로 만든 미국의 기상 위성은 지연, 자잘한 사고 그리고 의회의 자금지원 중단을 겪기 쉬워, 걸핏하면 절망적인 "위성 공백"을 초래해왔다. 즉, 새로운 위성이 투입될 준비를 마치기 전에 이전 위성이 고장 나는 상황이 자주 벌어졌다.

정말 어처구니없게도 2003년에는 미완성의 미국 국립해양대기청 위성이 제작 공장에서 바닥으로 쓰러지는 바람에 무려 1억 3천 5백만 달러의 수리비가 들었다. 2018년에는 최신 기종인 GOES-17의 주요 장치에서 냉각 장애가 일어나 1년에 몇 차례씩 무용지물이 되었다. 그 다음 GOES는 발사가 연기되었는데, 앞선 위성들의 실패를 반복하지 않기 위해서였다.

복잡한 시스템에는 복잡한 문제가 있기 마련이지만, 그 정도로 심해서는 곤란하다. 기상 위성 사업을 하는 나라가 미국만 있는 게 아니다. 위성은 전 지구를 살피는 천문대다. 모든 위성이 지구 전체를 내려다보진 않지만, 전 지구적인 기상 모형에 이바지하며 전 지구적인 일기예보에 도움을 준다. 유럽기상위성국(EUMETSAT)은 미국 시스템과 다른 방식으로 훌륭하게 운영된다. 미국 시스템은 개발과 운영 면에서 관료적 복잡성이 가득하지만, 유럽기상위성국은 구조가 단순하다. 독립적인 조직으로서, 자금 지원과 관리 감독은 30개 국가의 기상청들이 맡는다. 기상위성국에서 일하는 450명의 종사자들은 한 곳에 모여 살면서 단일한 리더십에 따라 일한다. 한 지붕 아래에서 기상 위성을 계획하고 운영하는 셈이다.

기상 위성이 어떻게 작동하는지 자세히 들여다보고 위성 운영 과정을 명쾌하게 이해하고 싶은 기자에게는 유럽기상위성국이 꿈의 장소이다. 심지어 독일 다름슈타트(과학 도시!)에 있는 본부도 찾기 쉽다. 모양은 초기 기상 위성 중 하나를 닮아서, 가운데에 원기둥이 있고 주위에 날개들이 뻗어 나온 모습이다. 건물 바깥의 마당에는 유럽기상위성국 소속 우주 함대의 대형 모형들이 마치 야외 결혼식장의 칵테일 테이블들처럼 관목 사이에 줄지어 서 있다.

위성들은 볼품이 없는 모습이다. 대기 속을 가르는 데 도움이 되는 우아한 곡선과 매끄러운 표면을 지닌 비행기와 달리 위성은 미묘한 돌출부와 구멍 난 외관을 갖고 있다. 어떤 것은 잔뜩 금칠을 한 엔진 같고, 또 어떤 것은 케이스가 날아가 버린 세탁기 같다. 그렇기는 해도 거기서 위성들을 본다는 건 멋진 일이다. 유럽기상위성국의 진짜 함대는 오래전에 우주로 날아가서 우리 시야를 완전히 벗어나 있으니 말이다.

우리는 대체로 위성을 두 가지 중 한 방식으로 본다. 위성이 우주를 날아가는 모습을 화가가 그려놓은 그림으로 보거나, 아니면 특수 작업복 차림의 엔지니어들이 밝은 불빛 아래서 꼼꼼히 살피고 있는 제작 단계의 위성을 보거나. 나는 위성을 새로운 방식으로, 즉 위성이 지구에 가장 가까이 접근하는 순간을 보기 위해 유럽기상위성국을 찾아갔다.

"그런데요, 사람들은 걸핏하면 일기예보를 트집 잡습니다."

유럽기상위성국의 기술과학지원 소장 위베스 불러(Yves Buhler)가 다름슈타트에 있는 해가 잘 드는 사무실에서 내게 말했다. 프랑스 로켓 과학자인 그는 옷차림도 로켓 과학자다웠다. 빳빳한 흰 셔츠에 칼라는 옆으로 넓은 편이었고 셔츠 주머니에는 끝이 뾰족한 펜이 여러 자루 꽂혀 있었다.

"하지만 전 지구적으로 봤을 때, 일기예보는 훨씬 더 정확해졌어요. 그리고 중간 범위에서도, 그러니까 한두 주로 봤을 때도 훨씬 더 정확해졌습니다. 왜 그럴까요? 위성 관측을 통해 지구 어디든 똑같이 살피니까요. 관측 범위에서 빠지는 지역은 없습니다." 전 지구적 시야가 모든 장소를 살핀다는 말이었다.

메테오샛(Meteosat)이라고 불린 유럽기상위성국의 1세대 정지궤도 위성들은 1977년에 발사되어 2002년까지 가동되었다. 이 위성들은 한 자동차의 상이한 모델 버전처럼 동일 세대에 속하면서도 각각 서로 달랐다. 유럽기상위성국의 최근의 정지궤도 위성들—메테오샛-10과 11 그리고 곧 대신 투입된 메테오샛-12와 13—은 불러가 "우리의 지역"이라고 묘사한 곳을 관측했다. 그 지역은 서유럽과 아프리카를 뜻했다.

2006년에는 오래된 정지궤도 위성인 메테오샛-7을 동쪽으로 이동시켜 인도양 너머로 보냈다. (이후 그 위성은 메테오샛-8로 대체되었다.) 오래된 휴대전화기가 제3세계에서 두 번째 삶을 찾듯이, 나이 든 기상 위성도 마찬가지다. "세계기상기구는 우리가 거기에 위성을 배치해서 조금 더 나은 정보를 제공하는 걸 무척 반깁니다." 불러가 말했다.

극궤도 위성의 관측 범위는 초기공동극지시스템(Initial Joint Polar System)이 관장한다. 이것은 궤도와 데이터 포맷을 조율하기 위한 유럽기상위성국과 미국 국립해양대기청 간의 협력 체계이다. 유럽기상위성국의 메톱(Metop) 극궤도 위성들은 아침나절 경로를 택하여, 아침 동안 지구의 각 구역 위를 비행한다. 미국 국립해양대기청의 JPSS 극궤도 위성들은 해당 장소의 오후에 비행한다. 이러한 업무 분담은 비교적 새로운 일이다.

유럽기상위성국의 최초 극궤도 위성은 겨우 2006년에 발사되었으니 굉장히 최근이다. 그 전에는 전적으로 미국의 극궤도 위성에 의존했다. 기상 모형의 시대에 극궤도 위성은 예보 품질에 일대 변화를 가져온 가장 최근 세대의 위성들이다. 그 시스템이 느리게 발전해온 탓에, 전체 우주 기술의 한 형태로서 기상위성의 전반적인 활동은 조금 구식이라는 느낌을 주었지만 사실은 지극히 최첨단이다. 그리고 지금도 여전히 발전 중이며 앞으로도 언제나 그럴 것이다. 유럽기상위성국은 발사 및 운용 계획이 2030년대까지 치밀하게 세워져 있다.

기상 위성은 또한 일상 루틴도 수행한다. 사무실에서 대화를 나누던 불러는 안절부절못하며 손목에 찬 큰 시계를 뚫어져라 쳐다보았다. 곧 몸을 돌리더니 책상 위의 전화기를 들었다.

"통과 시간이 언젠지 아시나요? 네. 아주 좋아요. 아주 좋아요."

불러는 우리를 위성 모양의 건물로 데려가서는 전자자물쇠를 열고 들어가서 자연 채광이 되는 계단을 내려갔다. 마주치는 과학자와 엔지니어들에게 프랑스어, 영어, 독일어 및 이탈리아어로 지나간다는 인사를 건네면서.

육중한 이중문들의 마지막 조합을 지나자 나타난 저궤도 위성 관제실은 높고 넓은 공간이었다. 할리우드 영화 속의 관제실처럼 업무용 의자들, 수십 개의 화면 그리고 벽에 높이 걸린 대형 카운트다운 시계들이 있었다. 기술자들은 인접한 관제실에서 유럽기상위성국의 저궤도 위성과 정지궤도 위성을 유심히 살펴보고 있었다. 각 관제실은 관찰 대상인 위성과 마찬가지로 나름의 성격과 리듬이 있었다. 정지궤도 위성 관제실의 기술자들은 차분하게 감시를 했다. 모든 게 무사하면, 별 일이 없다. 저궤도 위성은 더 활기차며, 이 위성들의 일생은 더 빠르게 진행된다. 삼십 분마다 저궤도 위성들 중 하나가 '통과'한다. 각 궤도에서 위성이 북극 상공을 지나는 이 시간 동안 지상 관제소와 무선통신이 가능하다.

불러와 내가 들어갔을 때, 니코 펠트만(Nico Feldmann)이 일어섰다. 꽁지머리를 한 젊은 운용 기술자였다. "23분. 메톱B. 스발바르 상공." 그가 또박또박 말했다. 농담 삼아 한 말이었다. 불러를 커크 선장이라 여기고 자기는 스팍 역을 하고 있었는데, 마치 우리가 우주선 엔터프라이즈호의 함교에 있기라도 하듯이 말이다. 하지만 곧 나는 그의 말이 절반만 농담임을 깨달았다. 우리는 정말로 우주선을 만나려고 거기에 있었으니까.

유럽기상위성국의 극궤도 위성을 제어하려면 유럽 대륙과 바렌츠해 아래를 거쳐 북극권 한계선 위의 노르웨이 섬인 스발바르 제도까지 잇는 광섬유 선로가 필요하다. 스발바르 제도에서부터 접시안테나를 통해 무선 연결이 이루어진다. 직경이 10미터인 안테나는 오두막 크기의 계란 모양 돔으로 둘러싸여 있다. 유럽기상위성국의 이 접시안테나는 플라토베르게(Platåberget)라는 고원에 설치된 서른세 대 가운데 하나로서, 지구 종말을 대비해 전 세계에 설치된 종자 저장소인 스발바르 글로벌 시드 볼트(Svalbard Global Seed Vault) 바로 옆에 있다.

불러와 펠트만 그리고 내가 다름슈타트의 저궤도 위성 관제실에서 이야기를 나누는 동안, 스발바르의 안테나는 로봇 팔처럼 빠르면서도 매끄럽게 움직이며 축상에서 회전했다. 그러다가 한순간 거대한 접시는 햇살 속의 먼지 한 알처럼 나타난 메톱B가 등장한 지평선 상의 점을 정확하게 가리켰다.

펠트만과 동료들은 그 순간을 "AOS"라고 불렀다. "신호 포착(acquisition of signal)"이라는 우주비행 용어의 두문자다. 메톱B는 하루에 지구를 열네 번 도는데, 거의 북극 상공에서 남극 상공으로 날아갔다가 다시 남극에서 북극으로 날아간다(각도, 즉 경사각 98도로). 한 바퀴 돌 때마다 관측 장비를 아래쪽으로 향하게 하여 대기의 한 좁은 구역을 관측한다.

극궤도 위성은, 정의상, 매 궤도마다 극 상공을 난다. 하지만 아래에 있는 지구가 자전하는 까닭에, 매 궤도비행마다 위성은 다른 경도에서 적도를 지난다. 지구를 도는 각 궤도는 102분이 걸리지만, 위성은 스발바르에 있는 지상 관측소에서 하루 중 몇 시인지에 따라 12~15분만 보인다. 왜냐하면 스발바르는 북극에 정확히 위치해 있지 않기 때문이다. 내가 방문한 당일, 가장 짧은 통과 구간이 노르웨이의 밤 시간으로 새벽 2~3시쯤 나타날 것이었고, 그때부터 위성은 낮 시간대인 지구 반대편을 향하게 된다. 각 통과 시의 주요 임무는 위성이 지구 상공을 비행하면서 수집한 수 기가바이트의 관측 데이터를 다운로드하는 일이다. 전문용어로 '풀 덤프(full dump)'라는 이 과정은 자동차를 타고 이웃집을 지나가면서 영화를 다운로드 받는 것과 비슷하다. (단, 성공한다는 게 영화 다운로드와 다른 점이다.)

"데이터를 받아야 하는데, 그것도 빨리 받아야 합니다."

불러가 말했다. 위성의 관측과 데이터 배포 사이의 지연을 줄이기 위한 '하프 덤프(half dump)'도 있다. 이것은 위성이 남극의 맥머도 기지 상공을 지날 때 일어난다.

위성이 매번 통과할 때마다 극적인 드라마와 지루한 루틴이 함께 벌어진다. 바로 이런 이유 때문에 옆 관제실이 아니라 이 관제실에 흥미를 느꼈다. 정지궤도 위성들은 그저 멈춰 있을 뿐이기 때문이다. 그 위성들은 우리 위에 둥둥 떠 있는 것처럼 보인다. 감시의 눈만 켜둔 채 꿈쩍도 않고 있는 모습이다. 물론 겉보기만 그럴 뿐이다. 실제로는 초속 약 3킬로미터의 속력으로 우주공간을 날면서, 하루에 한 번 궤도를 완성한다. 즉, 지구와 같은 속력으로 돈다. 그런데 정지궤도 위성은 언제나 연락이 가능하다. 저궤도 위성의 경우에는 통과할 때마다 얼마간의 흥분이 일어난다. 만약 위성이 범위에서 벗어나서 무언가가 잘못된다면—가령, 장비가 고장이 나거나 온도 내지 전압 파라미터가 한계 범위를 이탈하면—경고음이 울린다. 펠트만은 옆문의 동료들이 관리하는 정지궤도 위성에 대한 자기 견해를 터놓았다.

"정지궤도 위성은 지겹습니다." 그리고 좀 더 능수능란하게 이렇게 덧붙였다. "우리 기지에서 보이지 않는 곳에서 위성이 날고 있는 수백 분의 시간 동안 무슨 일이 일어났는지 살피는 건 언제나 재미있지요."

벽에 걸린 붉은 숫자가 표시된 LED 카운트다운 시계를 보니, 지구 먼 쪽에 있었던 메톱B가 이제 스발바르에 접근하고 있었다. "위성이 통과할 때 맨 먼저 하는 행동은 대체로 이십 분 전쯤 지상과의 통신 채널을 여는 것입니다." 펠트만이 말했다. 그 순간이 다가오고 있었다. 우리는 기다렸다. 기계 장치가 삑삑거렸다. "왔습니다." 펠트만이 말했다. "이제부터 12분 동안은 위성에 명령을 보내는 시간입니다."

"그리고 데이터를 받으려면" 불러가 끼어들더니, 손가락을 위로 가리켰다. 우리는 모두 녹색으로 바뀐 모니터상에서 세로로 늘어선 사각형 점들을 보았다. "텔레메트리는… 명목적인 것 같네요." 불러가 안도하며 말했다.

'명목적(nominal)'이라는 말은 '정상적(normal)'이라는 뜻의 우주 전문용어다. '텔레메트리(telemetry)'는 온도나 전압처럼 위성 및 내부 시스템의 기본적인 정상 작동 여부를 알려주는 측정 데이터이다. 위성이 통과할 때마다 펠트만이 살핀 두 가지 주요 측정값은 'TM'과 'TC'의 지속 시간이다. TM은 텔레메트리의 약자로서, 위성에서 수신된 정상 작동 여부에 관한 데이터이며, TC는 텔레커맨드(telecommand)의 약자로서, 기지에서 명령을 보낼 수 있는 능력을 가리킨다. 그런 데이터들의 전송은 비교적 낮은 S-밴드 주파수로 일어난다. 알짜배기—이른바 '과학 데이터'—는 높은 주파수의 초단파 대역인 X-밴드에서 일어난다. 펠트만은 또 한 줄의 녹색 점들을 가리켰다.

"저게 녹색이면, 과학 데이터가 내려오고 있다는 뜻입니다." 정말로 숫자들이 하나씩 떠오르고 있었다. 펠트만은 상이한 장치들의 두문자 목록을 훑어 내려갔다. ASCOT. GOME. GASSS. IASI. AMSU-1. AMSU-2. 불러도 함께 그 이름들을 나직하게 소리 냈다. 마치 철자 알아맞히기 대회에 나간 아빠 같았다. 그 시점에 1.8기가바이트가 다운로드 된 상태였다. 만약 다운로드 되는 데이터가 영화라고 치면, 미래의 실험적인 영화 제작자가 상상할 만한 영화였다. 우주공간에서 구름을 뚫고 쏘아 보낸 10,000개 채널의 적외선 및 레이더 관측 자료였으니 말이다. 통과가 끝날 때까진 이제 5분이 남았다.

불러와 펠트만한테서 메톱B의 루틴에 관한 세부사항을 듣고 보니, 정말이지 메톱B는 엄청나게 바쁘게 움직이는 장치였다. 지구에 위치한 여느 기상 관측소만큼이나 꼼꼼하게 대기를 살피는 장치였다. 위성은 고체상태 메모리 저장고에서 영상을 꺼내서 지상으로 잽싸게 내려 보낸다. 데이터 자체는 한 번에 한 장씩 찍은 스냅샷 사진이 아니라, 영사 필름에 더 가깝다. 고공비행 로봇이 마치 사냥개 블러드하운드처럼 코를 아래로 처박은 채 대기를 가로지르면서 얻어낸 영상 자료다.

내가 미처 알아차리기도 전에 메톱B는 덤프를 마쳤다. “이제 과학 데이터 다운로드가 끝났네요.” 펠트만이 데이비드 애튼버러(David Attenborough. 영국의 동물학자 겸 방송인)의 목소리를 한껏 흉내 내며 말했다. “이제 위성에 명령을 보낼 시간이 고작 1분 조금 넘게 남았습니다.” 하지만 우리는 위성에 알릴 내용이 없었다. 모든 게 녹색이었고 모든 게 ‘명목적’이었다.

건물의 다른 부분에서는 유럽기상위성국의 컴퓨터들이 이미 관측 자료를 데이터 링크를 통해 전 세계에 내보내고 있었다. 이때 가장 절실한 고객들을 특별히 신경 썼는데, 바로 대기에 관한 최신 관측 자료에 목마른 기상 모형 운영자들이다. 여기에는 재미있는 대칭성이 존재한다. 즉, 위성은 지구 전체의 관측 자료를 빨아들이고 유럽기상위성국은 그것을 다시 지구 전체로 되돌려 보낸다. 아이젠하워가 알아차렸듯이, 지구에 관한 이 시야는 지구에게 귀속되었다. 극궤도 위성은 오늘날 일기예보의 판도를 뒤바꾼 관측 장치다. 육안으로 보기엔 너무 작은 위성이지만, 이제 나는 그것이 어떻게 지구 상공을 돌며 관측하는지 이해하게 되었다.

한편 메톱B는 다시 노르웨이 지평선 아래로 내려갔다. 이 행복한 로봇은 혼자 날면서 자기 임무를 수행한다. 다음 통과까지의 시간을 알리는 시계 옆에 위성의 주행기록계가 있었다. 비행을 완료한 궤도의 횟수가 표시되는 장치다. 그날 오후 메톱B는 2012년 발사 이후 지구 주위를 10,754번째 회전하는 중이었다.

한 시간도 안 돼서 위성은 다시 지평선 위로 나타날 것이다. 그것의 리듬은 우리의 삶과, 우리의 시간을 정의하는 지구의 자전과 연결되어 있다.

나는 펠트만에게 작별인사를 했다.

"벌써 하루가 다 갔네요." 그가 말했다.

6
발사

날씨를 계산하려고 처음 시도했을 때, 빌헬름 비에르크네스는 관측 자료 수집에 집중했다. 종종 스스로 수집에 나서기도 했다. 아들 야코브의 회상에 따르면, "아버지의 서재에서 타자기 두드리는 소리"가 "해마다 들렸을" 뿐 아니라, 여름휴가 기간이면 부자는 "장난감 연보다 훨씬 큰 멋진 연"을 하늘에 날리곤 했다. 연에는 녹음 장치가 부착되어 있었다. 상상이지만, 백 년쯤 후에 미국기상학회 연례회의 전시실에 가본다면 그는 무슨 생각을 하게 될까? 전시실의 가장자리 쪽에는 작은 부스들로 채워진 수수한 구역이 있었다. 영세 기상 장치 제조회사, 전문서적 출판사 및 대학 기상학과 등의 부스였다.

하지만 가운데에서는 최첨단 관측의 향연이 펼쳐졌다. 노스롭

그루먼(Northrop Grumman), 볼 에어로스페이스(Ball Aerospace), 해리스(Harris) 및 레이시온(Raytheon)과 같은 거대 군산복합체에 속하는 대형 부스들이 차지하고 있었다. 거기에는 고급스러운 플러시 천 카펫과 제복 차림의 직원들 그리고 할로겐 조명등 아래 전시된 회사 제품의 축소 모형들이 있었다. 드론과 위성이 투명 실에 매달려 있거나 박물관의 조각상처럼 아늑한 자리에 고이 모셔져 있었다.

주력 정지궤도 및 극궤도 위성들과 더불어 세 번째 범주의 기상위성도 있다. 이 위성은 우주 공간에서의 관측이라는 기술적 한계를 무너뜨리기 위해, 종종 실험적이기도 한 좁은 범위의 임무를 띤다. 자금 지원을 받으려고 서로 경쟁하는 탓에, 이 범주의 위성들은 이름이 깜찍한 경우가 왕왕 있다. 가령, 칼립소(CALIPSO)라든지 클라우드샛(CloudSat) 같은 이름이 정부 예산에서 수억 달러를 뽑아내기에 더 낫기 때문이다. 이 위성들은 지구를 뒤돌아볼 뿐만 아니라 미래를 내다보면서, 구름의 상층부를 스캔하는 레이저처럼 새로운 종류의 장치들을 실험하고 개량해 나간다. 어느 해든지, 궤도 비행을 준비 중인 이 새로운 지구 관측 위성들이 잔뜩 어려운 이름을 달고 나온다.

미국기상학회 전시실의 전시물 가운데서, 특히 하나가 내 눈길을 사로잡았다. 독일의 한 남성 밴드와 같은 이름인 SMAP였는데, 이 위성은 매우 특수한 임무를 띠고 있었다. 바로 토양의 습도를 우주공간에서 측정하는 일이었다. 토양 습도는 기상학에서 재미있는 데이터 요소다. 날씨 모형에서는 그것을 하나의 변수로 취급하긴 하지만, 드물게 업데이트되는 데이터이다. 왜냐하면 정확하게 측정되지 않기 때문이다.

SMAP는 지상에 고정된 센서 천만 개의 역할을 하는 두 개의 궤도비행 장치인데, 그 문제를 해결하겠다고 나섰다. 내가 보기에 비에르크네스라면 크게 반겼을 프로젝트였다. 대담한 시도를 통해 지구를 철저하게 관측하여 날씨를 더 잘 계산할 수 있는 프로젝트기 때문이다. 전체 관측 시스템을 가동하는 데 보탬이 되는 날씨 모형의 한 사례이기도 했다. 아울러 날씨 모형이 사용할지도 모를 새로운 관측이 아니라 예전부터 원해왔던 관측이었다.

"우주에 가는 까닭은 지구 전체의 지도를 원해서입니다." 프로젝트의 수석 과학자 다라 엔테카비(Dara Entekhabi)가 말했다. 애틀랜타 컨벤션 센터의 동굴 같은 통로에서 만났을 때였다. 이란에서 태어나 미국에서 교육 받은 엔테카비는 MIT의 토목환경공학부 교수였다. 처음에는 지리학 분야에서 학자의 길을 내디뎠다가 공학으로 바꾸었다. 그의 말에 따르면 "한쪽 발은 기상학에 다른 발은 수문학(水文學. 지표 및 지하의 물의 상태·유래·분포·이동 따위를 연구하는 학문_옮긴이)"에 두고 있었다. 1990년대 당시에 이 둘은 별개의 학문으로, 소속 학부도 서로 달라서 하나는 지구과학에 다른 하나는 공학에 속했기에 서로 함께할 일도 거의 없었다. 기상학사들의 입상에서 보자면, 비는 지상에 닿은 후로는 더 이상 관심사가 아니었다.

반대로 수문학자들은 비가 어디에서 오는지는 관심 밖이었다. MIT의 젊은 교수 시절에 엔테카비는 비와 지상의 물 사이의 관련성을 살폈는데, 특히 토양 습도에서 관련성이 드러났을 때에 주목했다. 엔테카비는 날씨 모형이 그 데이터로부터 도움을 받을 수 있다고 보았다. 왜냐하면 토양 습도가 새로운 변수처럼 작용했기 때문이었다. 모형은 분해능(resolution)이 증가하면 성능이 개선되는 편인데, 그러면 대기는 더욱 미세한 스케일로 관측되고 계산된다. 하지만 분해능이 높아지려면 계산 능력도 커져야 한다. 계산할 관측 자료가 더 많아지는데, 모형 제작자의 용어로 하자면, 더 많은 자료가 "분해되어야(resolved)" 한다.

하지만 정확성이 높아지면 날씨 모형에 변동을 키울 수 있다. 가령, 화면에서 픽셀을 확대시킬 때 깜빡거림이 생길 수 있다. "그러다 보면 자기 꼬리를 쫓는 식이 되고 말지요." 엔테카비가 말했다. 그리고 한 파라미터의 분해능 증가는 다른 파라미터의 분해능 증가를 요구하게 되고, 그 역의 경우도 마찬가지다. 한편 토양 습도는 모형에서 보편적으로 쓰이는데도, 관측에서 거의 다루어지지 않고 있었기에, 엔테카비는 기회를 엿보고 있었다.

8억 달러짜리 위성으로 전 지구의 토양 습도 데이터를 수집하는 방법이 타당하다고 여긴 엔테카비는 그 근거를 충분히 제시하는 데 15년의 세월을 보냈다. 그의 주장은 "과학적 필요성"과 "기술적 준비"에 관한 한 쪽짜리 진술—즉, 세계는 이 위성을 필요로 하며, 그런 위성의 제작이 가능하다는 주장—에서 시작하여 나중에는 겸손하게 "핸드북"이라고 이름 붙인 400쪽짜리 문서로까지 발전했다. 프로젝트가 순조롭게 진행되도록 도운 주체는 SMAP가 존재하길 염원하는 기상 모형 제작자라기보다는 주로 국방부였다.

토양 습도는 저수준의 안개 예보 및 밀도고도(density altitude)—특히 산악지대에서 비행기의 성능을 계산하는 데 중요한 값—의 계산에 영향을 미친다. (가장 유명한 사례를 들자면, 파키스탄 아보타바드에 있는 오사마 빈 라덴의 은신처를 급습하는 도중에 발생한 헬리콥터의 불시착은 어느 정도 밀도고도의 계산 잘못 때문이었다.) 더 나은 토양 습도 측정에 대한 이 소망은 SMAP를 우주로 띄우는 데 결정적이었다. 위성 프로젝트가 늘 그렇듯이, 이 역시 군에서 지원하는 자금이 대단히 컸다.

매해 여름 엔테카비 연구팀은 현장 활동을 나가곤 했다. 시제품 장치를 작은 비행기의 동체에 부착한 다음에, 측정된 값들을 적절히 보정하여 지상에서의 습도 값을 결정했다. 처음에는 위성에 시적인 이름—바다의 신, 하이드로스—을 붙였지만, 곧 SMAP로 바뀌었다. 'Soil Moisture Active Passive'의 줄임말이다. 행정상의 절차를 통과하기 위해 위성에 나름의 이야깃거리가 있어야 했다. 'active(능동적)'와 'passive(수동적)'는 SMAP의 기술적인 특수한 원천, 즉 레이더와 복사계(輻射計)의 조합을 가리킨다. 레이더는 전파를 송신했다가 반사되는 전파를 수신한다. 복사계는 전파를 수신하기만 한다. 둘의 조합을 통해 특별한 넓이—이

삼 일마다 전 지구를 대상으로 관측이 가능하다—와 더불어 정확도가 높아지는데, 복사계만을 이용할 때보다 레이더와 복사계를 함께 사용해 얻은 결과다. 하지만 그 이름은 기술적인 측면을 훌쩍 뛰어넘는다.

"우리는 그냥 이름만 들어도 뭔지 분명히 알 수 있기를 원했습니다. 나사 본부에 있는 사람들이 문을 닫아 놓고 결정을 내릴 때, SMAP가 능동적이기도 하고 수동적이기도 하다는데 그리고 토양 습도를 측정한다는 데 아무 의문이 없도록 말입니다." 엔테카비가 말했다. 프로젝트는 운명이 위태롭긴 했지만—"몇 번이나 취소를 당했는지 모릅니다"—취지만큼은 설득력이 있었다.

SMAP는 미국 우주선 제작소로서 가장 유명한 곳의 밝은 불빛 아래서 조립되었다. 바로, 캘리포니아주 패서디나에 있는 제트추진연구소의 하이베이 1이었다. 이 체육관 크기의 장소가 이제껏 지구 너머로 훌쩍 날아간 기계들이 만들어진 곳이었다. 금성, 화성, 목성, 토성, 천왕성 그리고 해왕성까지 비행 임무를 맡은 우주선들의 산실이었다. 이런 성취는, 특히 우리 세대들은 심드렁하게 여기기 쉽다. 우주왕복선 발사가 일상이 된 시대를 살면서 성장했으니 말이다(다만 우주왕복선이 폭발하는 장면을 보게 되기 전까지만 그랬다. 그 사건은 순진했던 내 마음에 정말로 큰 구멍을 냈다).

하지만 우리가 지구를 우주에서 어떻게 바라보게 되었는지를 더 오래 생각하면 할수록, 나의 놀라움은 더더욱 커져만 갔다. 거의 완성된 위성의 내장과 뼈대가 흰 타일을 깐 실내의 한가운데 놓여 있었다. 개폐식 기둥들 뒤에 모셔진 위성 주위를 장비 선반, 작업공구 카트 그리고 바퀴 달린 컴퓨터 워크스테이션이 둘러싸고 있었다. '여기의' 토양 습도를 측정한다는 별난 목적을 품고 '저기로' 날아올라갈 위성을 만드는 현장이었다.

그런 터무니없음이 제트추진연구소의 모토였다. 메인 경비 부스에는 우주비행사의 바이저같이 생긴 큼직한 흰 유리창이 있었는데, 거기에는 '우리의 우주에 오신 것을 환영합니다'라는 문구가 적혀 있었다. 실내 한가운데에 놓인 방문자 대기실 TV에는 CNN이 아니라 NASA-TV가 켜져 있었다. 거기서 기다리는 동안 나는 러시아 소유즈 우주선이 국제우주정거장에 도킹하는 영상을 보았다. 케네디 대통령이 보았더라면 깜짝 놀라면서도 대단히 기뻐했을 장면이었으리라.

제트추진연구소는 1930년대에 설립되었는데, 당시 헝가리 태생의 칼텍 교수 테오도어 폰 카르만(Theodore von Kármán)은 근처의 마른 협곡에서 초기의 로켓 엔진을 실험했다. 군의 자금이 제2차 세계대전 동안 연구소에 몰려들었고, 기술자들은 훔친 독일의 V-2 로켓 설계도를 연구하면서 성능을 재현하려고 필사적이었다. 드디어 1947년에 기술자들은 초보적인 유도 미사일을 개발해냈다. 코포럴(Corporal)이라고 알려진 이 미사일은 로켓을 정교하게 제어하면서 우주로 날려 보내는 단계로 향하는 첫 번째 과정이었다.

이 제어 기술은 또한 로켓의 끝에 핵탄두를 싣기 위한 필수적인 단계이기도 했다. 미사일 경쟁이 격화되고 우주 경쟁이 막 시작되자, 제트추진연구소는 그 과정에서 생긴 모든 기술적 문제들을 해결하기 위한 엄청난 노력의 중심지가 되었다. 항공역학과 추진체 화학과 같은 기본적인 로켓 기술뿐만 아니라 전파 통신, 새로운 유형의 계측기기, 초음속 풍동 그리고 (로켓 기술자의 멋진 표현대로) "수리의 손길 너머에서" 확실한 비행을 가능케 하는 전례 없는 고품질의 제작 과정 등이 연구되었다.

제트추진연구소가 이룬 발전은 놀라운 수준이었다. 한 세대만에 제트추진연구소 기술자들은 초보적인 로켓 제작에서 시작하여 다른 행성으로 날아가는 우주선까지 만들어냈다. 화성, 금성, 수성 및 토성까지 날아간 1960년대와 1970년대의 매리너(Mariner) 시리즈가 대표적이다.

하지만 제트추진연구소는 우주 프로젝트의 근본적인 이중성 문제에 봉착했다. 즉, 인류의 새로운 탐사—태양계의 가장자리 바깥으로 향하는 탐사—시대를 열어젖힌 기계를 창조했지만, 아울러 인류를 멸망시킬 수도 있는 기술을 창조하고 있었다. 기상 위성의 DNA로부터 전쟁 유전자를 도려낼 수는 없었다. 우리가 우주로 향하는 이유는 숱하게 많았지만, 오직 한 가지 이유라야 함을 우리는 배웠다.

군사 임무와 민간 임무를 함께 맡은 SMAP도 예외가 아니었다. 홍보 담당자의 안내에 따라 보안 검색대를 통과한 우리는 사막 빛깔의 건물들과 잘 가꾸어진 관목들이 들어찬 구내를 가로질러 걸었다. 하이베이 1의 작은 전망대가 좁은 계단 위에 마치 운동경기장의 특별관람석처럼 위치해 있었다. SMAP의 부 프로젝트 매니저 샘 터먼(Sam Thurman)이 나를 맞았다. 승무원 스타일의 머리에 흰 와이셔츠 차림 때문에 터먼은 1960년대 나사 사진 속의 인물 같았고, 말투도 그랬다.

통유리창 너머 우리 발아래 놓인 SMAP는 검사의 최종 단계에 있었다. 우주선 기준으로 보자면 중간 크기였다. "미니 쿠퍼 크기쯤 됩니다." 터먼이 나사 근무자 특유의 어설픈 농담조로 말했다. SMAP는 종종 특이하게 움직이는 작동 부분들이 많이 있었다. 또한 독특한 외관도 눈에 띄었다. 바로, 원형 안테나 반사경이 위성의 본체 위쪽에 마치 천사 머리 위의 링처럼 달려 있었다. 반사경은 가벼운 철망으로 만들어졌으며 크기가 컸다. 발사 후 우산처럼 펼치면 직경이 4미터쯤 된다. 그리고 분당 14.6회—4초에 한 번 꼴로—회전하면서, 마치 여러분이 숲속에서 길을 밝히려고 플래시를 좌우로 휘젓듯이 지상의 관측 지역을 훑는다.

위성 안의 모든 것은 맞춤형으로 설계되었는데, 노스롭그루먼, 보잉, 나사의 고다드 실험실과 제트추진연구소가 전 과정에서 조금씩 제작에 이바지했다.

“이중 회전체예요.” 터먼이 말했다. “말하자면, 위성의 한 부분은 회전하고 다른 한 부분은 회전하지 않는다는 뜻입니다.” 어떤 부분들, 가령 회전하는 부분과 회전하지 않는 부분 사이에 신호를 전송하는 집전(集電) 고리는 보잉이 통신위성 제작 방법을 통해 알아낸 것이었다. 하지만 집전 고리는 일회성이었다.

“L대역의 어떤 파장에서 후방산란을 측정하려고 레이더 시스템을 구입하는 사람은 없을 겁니다.” 터먼이 말했다. 위성의 구성요소들은 전체가 다 “설계, 제작 및 검사하기에 매우 비용이 많이 듭니다.” 터먼이 이유를 설명했지만, 자명한 사실이었다. “일단 이 강아지를 쏘아올리고 나면, 회수할 수가 없거든요.”

SMAP는 다른 모든 위성처럼 정교하면서도 튼튼하다. 마치 레이싱 자전거 같다. 비용을 아껴선 안 되지만, 적절한 타협은 늘 있었다. 그 시즌에, 즉 발사 일 년 전에 모든 검사가 진행 중이었다. “흔들고 익히고 얼리고 튀겼지요.” 터먼이 말했다. SMAP는 바퀴를 달아서 제트추진연구소 구내를 가로질러 진동 시험대로 옮겨질 테고, 거기서 위성을 흔들어서 발사 충격에 견디는지 시뮬레이션했다. 검사가 완료되자(3천만 달러짜리 부품들이 부서진 깁스처럼 떨어져 내리지 않았으므로), SMAP는 특수 운송 컨테이너로 감싸여서 캘리포니아 고속도로 순찰대의 호위를 받으며 해안가를 달려서 반덴버그(Vandenberg) 공군기지로 옮겨졌다. 거기서 로켓의 뾰족한 끝 부분에 탑재되었다.

발사를 앞둔 여러 날 동안 나는 위성 덕분에 얻게 된 전 지구적 시야와 더불어 위성이 초래한 정치적 문제들을 곰곰이 생각해보았다. SMAP 발사 장면을 보기 위한 일정을 잡기 위해 나는 반덴버그에 있는 제30 우주비행단의 홍보실과 연락을 주고받았다. 기지는 기나긴 냉전의 역사를 가지고 있었다. 비공식적인 슬로건이 '63년 이후로 탈핵'이긴 했지만, 여전히 미닛맨(Minuteman) III 대륙간 탄도미사일 시험을 자주 해서, 이웃의 동네 주민들은 하늘을 가로지르는 불덩어리에 종종 화들짝 놀라곤 했다.

하지만 기지는 여전히 미사일 발사를 하나의 흥미로운 행사인양 여겼다. 실제 핵전쟁이 벌어진다면, 와이오밍, 몬태나 및 노스다코타 주에 흩어져 있는 미국의 미닛맨 III 미사일 455대는 15분 이내에 발사될 터였다. 설마 그러랴 싶으면서도 무시무시한 계획임은 분명하다.

반덴버그에서 행하는 노력을 보니, 그런 사태는 벌어지지 않을 듯했다. 다음 세 가지 이유 중 하나 때문이었다. 각각의 미사일 시험은 수 주 동안의 준비를 거쳐 대단히 조심스럽게 다루어지고 있었다. 미닛맨 미사일 부대는 굉장히 정교했으며 운용에 큰 비용이 들었다. 혹은 상징적으로만 쓸모가 있을 뿐이어서, 거의 날지 않는 현대의 마지노선인 셈이었다. 세 이유 모두 꽤 일리가 있었다.

내가 늘 되묻곤 하는 우주에 관한 질문은 얼마나 많은 상상력이 필요하냐는 것이었다. 위성은 단지 "수리의 손길 너머"가 아니라 우리의 시야를 훌쩍 뛰어넘어서 작동한다. 위성에서 본 시야는 우리가 지구를 생각하는 방식을 바꾸었으며, 철학자 페터 슬로터다이크(Peter Sloterdijk)의 표현대로 "코페르니쿠스적 혁명"을 일으켰다. 코페르니쿠스가 어떻게 지구가 우주의 중심이 아닌지 보여주었듯이, 우주선과 우주에서 촬영한 영상은 '거꾸로 된 천문학'을 창조했다. 이 천문학 체계 안에서 우리는 지구를 마치 우주 위에서 내려다본 것처럼 상상한다. 하지만 위성의 카메라를 바라보기는 어렵다. 지리학자 스티븐 그레이엄(Stephen Graham)은 이렇게 꼬집었다. 우리는 "다들 위성을 멀게만 여긴다. 왜냐하면 일상적 경험과 가시거리로 이루어진 현실 세계를 훌쩍 벗어나 있기 때문이다."

이와 같은 어려움은 일기예보에도 적용된다. '날씨 살피기'는 정말로 시시한 활동이다. 가스레인지를 틀거나 화장실 변기의 물을 내리는 것과 마찬가지이다. 하지만 날씨를 살필 때 우리 마음의 눈은 공간과 시간을 폭넓게 오간다. 마치 위성이 지구 위로 솟아올라서 지구를 내려다보며 미래의 날씨까지 내다보는 것처럼 말이다. SMAP 발사 장면을 실제로 보면, 그 시스템이 가상의 무언가가 아니라 생생한 현실로 느껴질 것만 같았다.

반덴버그에 도착했다. 나는 롬포크(Lompoc) 타운 바로 바깥에 있는 기지 정문에 주차를 했다. 휴대용 무기와 전투모를 착용한

헌병이라든가 '부대 방호상태 알파'라고 적힌 표지판 또는 측면에 '극저온 유지관리'라고 적힌 흰색 트럭이 없었더라면, 영락없이 큰 와인 제조장 입구 같았다. 삼각대와 사진기 가방 때문에 몸이 무거워진 십여 명의 남성 및 한 명의 여성과 함께 나는 구식의 흰 스쿨버스에 올랐다. 작업복 차림의 사병이 운전하는 버스를 타고 우리 기자단은 어둑해진 기지를 천천히 가로질러 발사대로 향했다.

유칼립투스 나무 사이로 발사대가 보였다. 발사대를 직접 본 건 그때가 처음이었다. 마천루처럼 큰 구조물이 스포트라이트를 받아 환하게 빛났고, 꼭대기에는 빨간 불빛이 깜빡였다. SMAP는 델타II 로켓에 실려 우주로 갈 텐데, 그 로켓 370대가 1960년 5월 이래로 성공적으로 발사되었다. 로켓 발사 과정이 매우 복잡하고 세상의 큰 주목을 받는다는 점을 감안할 때, 인상적인 숫자가 아닐 수 없다. SMAP '천문대'를 델타II 로켓과 짝짓기 위한 준비는 6개월 전에 시작되었다. 로켓은 다음 날 아침에 발사될 예정이었다. 그날 저녁에는 '롤백(rollback)'이 있었다. '슬릭(Slick) 2'라는 명칭의 전체 발사대에서 발사탑이 분리되어, 로켓이 혼자 서게 되는 과정이었다. 하지만 기술적 목적은 그 과정의 일부에 지나지 않았다. 롤백은 의례와 미신이 곁들여진 행사였는데, 마치 결혼식 전날의 만찬과 비슷했다.

우리가 탄 버스는 발사대 바로 곁의 고랑처럼 생긴 곳에 정차했다. 차에서 내리자마자 우리는 더 잘 보기 위해 로켓 뒤쪽으로 잽싸게 돌아갔다. 다른 기자들이 헤드램프 불빛에 의지해 카메라 장비를 설치하느라 바쁠 때 나는 오매불망 보고 싶었던 로켓을 빤히 쳐다보았다. 거대한 스포트라이트가 삼면에서 로켓을 비추었는데, 광선 줄기에 먼지들이 반짝였다. 주위에는 연료통, 노란색 안전 난간, 흰색 SUV 여러 대 그리고 일렬로 비디오카메라들이 장착된 평상형 트럭 한 대가 있었다. 주변 모래언덕의 물떼새들과 하늘의 (지난 사십 년 이상 사람이 찾지 않은) 상현달도 있었다.

디젤 발전기가 가동되었다. 공기는 정신이 어지러운 바다와 석유 냄새로 진동했다. 나는 SMAP의 진행 과정을 일 년 이상 추적해오고 있었다. 유럽기상위성국의 극궤도 위성이 통과하는 것을 보았고 신형 GOES 위성의 업그레이드 과정도 지켜보았다. 하지만 그런데도 위성을 우주로 발사하기 위한 노력은 너무나 굉장해서 감탄을 금할 수 없었다. 정말이지 토양 습도를 측정하는 것 이상이었다. 로켓 발사는 자랑스러운 활동이자, 형언하기 어려운 과학적 쾌거이자, 그와 같은 일을 계속하고자 하는 충동의 발현이었다. 왜냐하면 6년 전에 시작된 프로젝트를 멈춘다는 것은 나사로서는 생각하기도 싫은 패배 인정일 테니까 말이다.

한밤에도 밝게 빛나는 흰색 뷰익 세단 한 대가 고랑 언저리에 멈췄다. 모든 사람의 눈이 그쪽으로 쏠렸다. 우주비행사 한 명이 나왔다. 우주왕복선을 타고 지구궤도에 네 번 올랐던 사람으로 나사의 행정관을 맡고 있던 찰스 볼든(Charles Bolden)이었다. 우연

찮게도 그날은 챌린저호 사고를 추모하는 나사의 기념일이기도 했다. 그래서 볼든 행정관은 알링턴 국립묘지에 들러 나사의 순직자들에게 헌화한 다음, 비행기로 미국을 가로질러 로켓 발사를 앞둔 반덴버그로 돌아왔다. SMAP를 위해 일해온 과학자와 기술자들 그리고 그 가족들이 먼지 나는 언덕비탈에 선 그의 주위에 몰렸다. 볼든은 한 갓난아기에게 입을 맞춘 다음에 초등학교 2학년 학생한테서 질문을 받았다.

"위성은 무슨 일을 하나요?" 아이가 물었다. 볼든은 중요항목들을 짚어가면서 SMAP의 목적을 설명했다. 끝으로 이렇게 덧붙였다. "하지만 우리가 하려는 큰일은 지구를 이해하는 거란다."

나사를 크게 부흥시켰던 케네디의 연설과 취지가 매우 비슷했다. 볼든은 사람들로 하여금 질문을 하도록 이끌었다. 'SMAP가 인류의 우주 이용과 탐험이라는 큰 목표에 어떻게 이바지할 것인가?'라는 질문 말이다. "이십 년이나 삼십 년 후를 내다보고 우리는 사람을 화성에 보내려고 합니다." 볼든이 말했다. "지금 하는 모든 일은 거기에 가기 위해 한 발 한 발 내딛는 발걸음이고요." 이어서 또 한 마디를 던졌는데, 뜻밖에도 안타까운 내용이었다.

"제가 나사에 온 게 1980년이었는데, 솔직히 그때 생각으론 지금쯤이면 우리가 훨씬 더 앞서나가 있을 줄 알았습니다." 그가 말했다. "챌린저호를 잃었을 때 우리가 수십 년의 시간을 잃었다고 저는 여겼습니다. 그리고 우리가 위험을 감수하겠다는 마음을 잃어버렸다고들 했습니다. 제 생각은 다릅니다. 단지 국가를 치유하고 사람들이 다시 기꺼이 위험을 감수하러 나서기까지 시간이 걸렸을 뿐입니다. 우주 기관이 아니라, 우리의 활동을 뒷받침해주는 사람들, 의회, 행정부가 마음을 잃은 겁니다. 지금도 우리가 화성에 간다고 이야기하면 사람들은 너무 먼 곳이라고만 여깁니다."

이런 맥락에서 볼 때 SMAP는 쉬운 일이었다. SMAP는 거대한 기계의 타당한 한 가지 구성요소였다. 우주에서 바라본 시야는 근래에 이룬 놀라운 기술적 도약이었다. 새로운 도약이 다시 나올까? 어떤 새로운 기술적 가능성이 도약을 이루게 할까? 우리는 대기 속을 얼마나 깊이 볼 수 있을까? 도약을 통해 우리는 미래를 얼마나 멀리 내다볼 수 있을까?

볼든이 다시 차에 오르자, 사람들은 흩어졌고 프로젝트 관리자들의 아이들은 모두 잠을 자러 집으로 돌아갔다. 거대한 비계가 로켓에서 떨어져 나오기 시작했다. 처음에는 아주 천천히 움직였기에 눈을 빤히 쳐다보고 쳐다보아야 알아차릴 수 있었다. 우두커니 선 발사탑에는 온갖 전선들과 어수선한 주황색 전등들이 덕지덕지 달려 있었지만, 로켓은 그 모든 빛을 빨아들이고 있는 듯했다. 발사탑 내부에서 조립되었기에, 지구를 떠날 준비를 마치고 노출된 모습은 그때가 처음이었다.

이튿날 아침 일찍 나는 공군 스쿨버스에 다시 올랐다. 버스에서 내린 후, 발사대에서 적당히 떨어진 안전한 장소인 유칼립투스 숲속의 공터로 갔다. 반덴버그의 관제실에서 발사팀은 전원 자정 이후 줄곧 자신들의 컴퓨터(그들의 말로는 '콘솔') 앞에 있었다고 한다. 바야흐로 액체산소가 로켓에 주입되었고 최종 항법 명령이 입력되었다. 그리고 마침내 카운트다운이 시작되었다.

반덴버그에서 발사되는 로켓은 '서쪽 범위'라고 알려진 곳으로 솟아오른다. 태평양을 가로지르는 넓은 바다 상공이다. 카운트다운의 최종 순간에는 작은 요트든 외국의 구축함이든 간에 장애물이 하나도 없어야—담당자인 공군 대령의 표현대로 "바다, 땅, 하늘 및 우주"가 말끔히 비어 있어야—한다. 냉전 시대에 구축된 공군의 전 지구적 추적 시스템이 로켓을 추적하기 위해 가동되고 있었다.

발사 후 99초가 지나면 로켓에서 고체로켓추친체가 분리되는데, 추진체는 바다에 떨어지게 된다. 45분 후, 12,000mph의 속력에서 최고치에 이른 후 로켓은 '대기 궤도'에 도달한다. 발사 후 57분 지나서, SMAP 관측 위성은 로켓과 분리된다.

하지만 모든 과정이 정상적으로 진행되어 정상적인 태양동기 궤도(sun-synchronous orbit)에 진입하려면, 3분 동안의 발사가능 시간대에 발사가 이루어져야 한다. SMAP는 오전 6시 20분 42초부터 시작해서 발사되거나 아니면 아예 발사가 되지 않을 터였다.

공교롭게도 SMAP는 그날도 다음 날도 발사되지 못했다. 첫째 날 아침에는 대기에 강한 바람이 일어서 발사가 취소되었다. 유칼립투스 숲에서 모인 우주 기자단은 확성기를 통해 취소 소식이 들려오자 탄식을 연발했고 즉시 짐을 꾸리기 시작했다. 다음 날, 정비 문제로 인해 카운트다운이 다시 멈췄고 우리는 유칼립투스 숲으로 다시 돌아갔다.

결국 나는 집으로 돌아가야 했다. 나는 SMAP가 지구를 떠나는 모습을 뉴욕의 우리집 침대에서 나사의 비디오 자료를 통해 지켜보았다. 발사대는 짙은 안개에 휩싸여 있었고, 1분이 지나서야 내 눈에 보이지 않던 로켓이 모습을 드러냈다. 델타 로켓은 3초간의 우르릉거림 후에 구름 속으로 사라졌다.

다섯 달 후에 나쁜 소식이 들려왔다. 2015년 7월 7일, SMAP의 레이더가 작동을 멈추었다는 소식이었다. NASA 기술자들이 몇 달 동안 검사와 조정을 하고 모든 방법을 다 써보았지만 결국 장치가 '소실'되었다고 발표했다. SMAP의 복사계는 여전히 작동했다(앞서 말했듯이, 레이더는 '능동적' 장치인 반면에, 복사계는 '수동적' 장치이다). 하지만 SMAP의 토양 습도 지도의 해상도는 영원히 낮아질 터였다.

"실패의 확률이 없지 않습니다." 엔테카비가 내게 말했다. "힘든 상황입니다. 모든 게 제대로 작동해야 하니까, 지금은 매우 위험합니다. 정말로 오래 기다려온 일인지라, 제발 잘…." 그의 목소리가 차츰 약해졌다.

또 하나의 미국 위성이 실패했다. "우주는 힘든 곳이다"라는 상투어가 새삼 다가온다. 하지만 나는 그걸 다르게 생각했다. 지구가 힘든 곳이라고. 대기를 이해하려면 개념 면에서든 기계장치 면에서든 많은 움직이는 부분들과 친숙해져야 했다. 나는 우주의 장치들에 경외감을 느꼈지만, 그 경외감은 대기 관측이라는 인접한 프로젝트가 결코 완성되지 않을 것이라는 현실 때문에 약해졌다. 복잡성이 너무나 컸고, 해상도는 결코 충분할 만큼 좋아지지 않았으며, 실패할 가능성이 늘 도사리고 있었다.

한편 SMAP의 임무는 뜻밖의 상황으로 인해 구원을 받았다. 유럽우주국이 기후변화 연구용으로 발사한 센티넬(Sentinel) 위성의 C-대역 레이더 덕분이었다. SMAP의 고장난 레이더와 매우 비슷한 레이더였던지라, 과학자들은 데이터 집합을 결합하여 SMAP가 얻고자 했던 감도와 해상도를 거의 완벽하게 재현할 수 있었다. 두 장치를 한 우주선에서 나란히 작동시키지 않고 두 장치를 두 우주선에서 작동시켜, 측정치들을 알고리듬을 통해 결합하여 지구의 토양 습도를 담은 하나의 지도를 만들어낸 것이다.

이 대단한 성과는 날씨 기계가 시스템들의 시스템임을 보여준 완벽한 사례이기도 했다. 위성에 탑재된 장치들에서 나온 데이터를 다시 지상에서 수학적으로 조합해내어 대기에 관한 일관된 디지털 모형을 창조해낸 쾌거였다. 기상학자들의 꿈을 실현하는 일에는 단일한 시야가 아니라 수천 개의 장치들을 함께 엮어서 얻어진 통합적 시야가 필요했다. 그런 거대한 결합을 통해서만이 우리는 비에르크네스가 내다보았던 '대기의 현재 상태'를 파악할 수 있었다.

다음 단계는 대기의 미래 상태를 계산하는 일이었다. 그러려면 날씨 모형이 필요했다.

PART 3

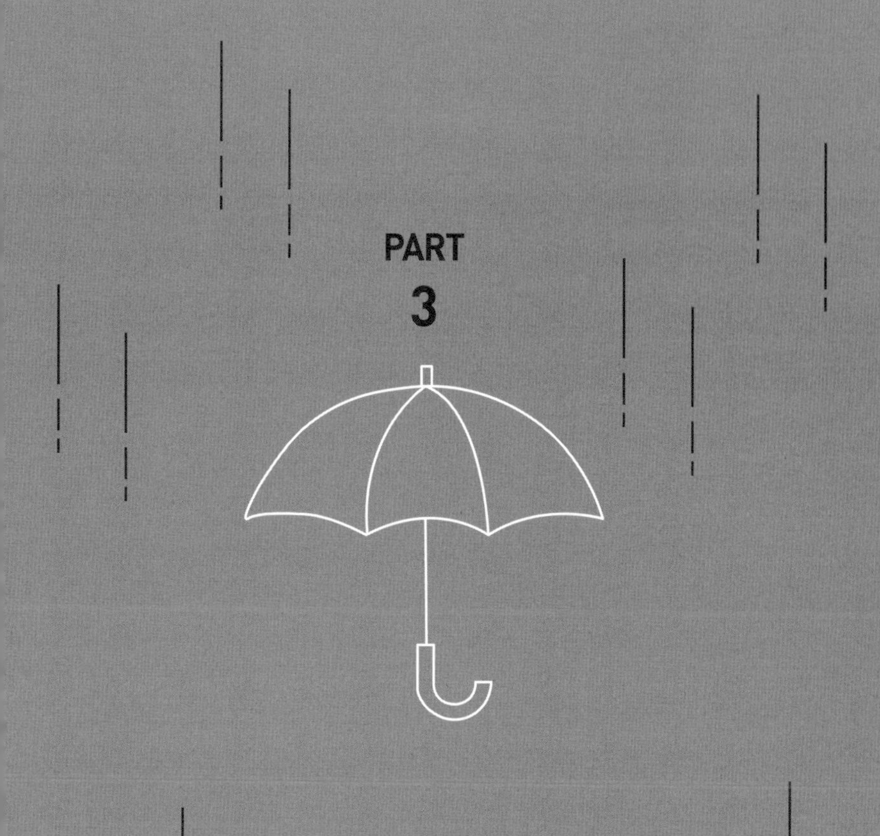

시뮬레이션

7
산꼭대기

산에서 쏟아지는 콜로라도의 건조한 열기는 로키산맥 뒤에서 생겨난 거친 뇌우(雷雨) 때문에 오후가 되면 식었다. 구름 한 점 없는 유월 어느 날 아침 나는 차를 몰고 불더 시를 벗어났다. 목적지는 교외 주택단지를 벗어난 곳에 있는 사암 바위 층 지역으로, 소나무와 대초원 목초들이 우거진 초원 지대에서 생겨난 곳이었다. 시야가 툭 트인 차도 끝에 산악요새처럼, 상층부에 총안(銃眼)처럼 생긴 네모난 빈공간이 있는 구릿빛 탑들이 인상적인 건물이 있었다. 건물의 규모는 가늠하기 어려웠다. 길게 난 창과 굳건한 느낌 때문에 건물은 산에서 자라난 자연물처럼 보였다.

미국 기상과학의 본향인 메사 랩(Mesa Lab)이었다. 미국 국립기상연구센터(NCAR)의 핵심 기관으로서 1966년 개설된 이 연구소는 케네디 대통령의 관심으로 촉발된 기상학 혁신의 시발점이었다. 냉전의 놀라운 기술 발전은 기상학 분야에 완전히 새로운 잠재력을 가져왔다. 위성이 구름을 내려다볼 수 있게 되었고, 전자식 컴퓨터가 방정식을 계산할 수 있게 되었으며, 레이더가 지평선 너머의 폭풍을 내다볼 수 있게 되었다.

"하늘은 말 그대로 한계입니다." 미국 국립기상연구센터의 초대 수장인 월터 오르 로버츠(Walter Orr Roberts)는 연구소가 문을 열었을 때 이렇게 말했다. "다른 어떤 과학 분야—심지어 원자력 에너지나 의학 또는 우주탐험조차—도 대기과학 분야만큼 모든 인류의 선(善)을 위한 잠재력을 갖진 않습니다." 대기과학은 워싱턴의 지지자(및 자금지원자)들이 기상학을 바꿔 부른 이름이었다.

로버츠는 연구소의 건축 구조에 그와 같은 포부를 반영하고 싶었다. 그는 자신의 첫 번째 중요한 의뢰를 위해 거장 건축가 이오밍 페이(I. M. Pei)에게 "과학 활동의 지적이고 흥미진진한 측면"을 표현하는 건물을 설계해달라고 부탁했다. "검소하고 금욕적이면서도 쾌적해야" 했다. 그리고 "영혼"을 지닌 건물이어야 했다. 영감을 얻으려고 페이는 사슴과 토끼가 뛰어다니는 장소에서 야영도 하고, 콜로라도 주 남서부의 아나사지(Anasazi) 절벽 거주지에도 가봤다. 그 결과, 근처 채석장의 분홍 모래를 섞은 콘크리트를 사용하기로 결정했고, 벽에다 망치질을 해서 마치 돌처럼 거칠어 보이게 만들었다. 튼튼한 살색 탑들이 하늘을 품는

테두리로 서 있는 모습은 마치 바위의 영원성과 구름의 변덕스러움의 결합을 상징하는 듯하다. 로버츠의 마음속에 일었던 긴장을 나 또한 느낄 수 있었다. 정지와 변화, 현재와 미래 사이의 긴장을.

메사 랩은 새로운 발상에 바쳐진 시간을 초월한 건물이었다. 내가 거기에 갔던 까닭도 바로 그 때문이었다. 하늘과 그것을 이해하려는 인간의 능력 사이의 간격, 대기에 관해 우리가 정확히 아는 것과 우리가 알 수 없는 것 사이의 간격, 그리고 현재의 날씨와 미래의 날씨 사이의 간격을 가늠해보고 싶었기 때문이었다.

현실적인 면에서 보자면, 나는 날씨 모형이 어떻게 작동하는지 궁금했다. 날씨 모형이 관측 자료를 어떻게 가져와서 예보를 내놓는지를 알고 싶었다. 이미 나는 지상과 하늘 그리고 우주까지 온 세상의 기상 관측 시설들을 두루 보았고 지도의 구석구석까지 살폈다. 하지만 날씨 모형은 태양계의 중심에 위치한 태양과 같다. 모든 기상 관측 시설들의 중심에 날씨 모형이 존재한다는 뜻이다.

새로운 기상 관측 자료들을 어디에서 어떻게 수집할지는 날씨 모형이 어떤 데이터에 관심을 갖느냐에 따라 정해진다. 우리 대다수가 날씨 앱을 사용할 수 있는 것도 지구상의 어느 지점에 대한 자동화된 예보를 제공하는 날씨 모형 덕분이다. 날씨 모형은 비에르크네스가 품었던 전망이 실현된 결과물이자, 일상 일기예보의 원천이자, 날씨 기계의 엔진이다.

그런데 날씨 모형은 힘들다. 어렵다는 뜻이다. 내가 날씨 모형을 폭넓게 이해하고 싶다고 밝혔을 때 제트추진연구소의 한 로켓 과학자는 이렇게 답변했다. 화성에 우주선을 착륙시키는 데는 수학 변수 '수백 개'를 다루어야 하지만, 전 지구에 관한 대기 모형을 만드는 데는 '수십만 개'를 다루어야 한다고. "복잡한 겁니다." 그가 말했다.

하지만 나는 도무지 이해할 수 없겠거니 여기며 마음을 접고 싶지 않았다. 그랬다가는 잃을 게 너무 많았다. 그 기술은 새로 나온 자잘한 장치—더 나은 스마트폰이나 인공지능 스피커—가 아니라 점점 더 중요해지는 전 지구적인 시스템이다. 그리고 날씨 모형은 어느 한 기업이 비밀리에 만들어내는 것이 아니라, 전 세계의 과학자들과 정부 기관들이 협력하여 공개적으로 만든다. 비록 너무 느리게 만들어져서 대중들의 눈에는 거의 보이지 않긴 하지만 말이다.

하나의 날씨 모형은 내부구조, 즉 논리적으로 구분되는 각각의 부분들을 갖는다. 우선, 모형에는 날씨의 '관측 자료'가 필요하다. 날씨가 어떤지 그리고 어떻게 될 수 있는지를 알아야 한다. 둘째, 흔히 부르는 말로 '물리학'—대기가 어떻게 변할지를 기술하는 방정식들의 집합—이 필요하다. (이 방정식 집합을 처음 내놓은 사람이 비에르크네스다.) 셋째, 위의 두 가지를 결합시키는 '계산'이 필요하다. 루이스 프라이 리처드슨이 서부전선에서 시도했다가 실패했던 그 계산을 지금은 대체로 슈퍼컴퓨터가 처리한다.

모형의 성공 여부는 삼발의자처럼 각 부분의 튼튼한 정도에 달려 있다. 입수되는 날씨 관측 자료가 얼마나 좋은가? 모형이 관측 자료의 시간에 따른 변화 상태를 얼마나 수학적으로 잘 계산할 수 있는가? 그리고 컴퓨터가 계산을 얼마나 빠르게 처리할 수 있는가?

날씨 모형에는 두 가지 주요 범주가 있다. 하나는 '실험적' 모형으로서, 구름과 비(또는 허리케인)의 생성 과정과 같은 특정한 문제에 초점을 맞추어 과학자들이 개발한 모형이다. 다른 하나는 '운영적' 모형으로서, 매일의 일기예보를 목적으로 기상 서비스 기관이 운영하는 모형이다. 메사 랩과 미국 국립기상연구센터 같은 곳에서는 적어도 일상적인 과정으로서 날씨를 예측하지는 않는다. 대신에 전체 기상 구도가 어떻게 형성되는지와 같은 큰 그림에 관심을 둔다.

미국 국립기상연구센터에서 가장 큰 그림을 지닌 과학자들 중 한 명이 제프리 앤더슨(Jeffrey Anderson)이다. 우리는 벽면에 번개와 구름 사진이 인상적인 빛바랜 포스터들이 걸려 있는 센터의 로비에서 만났다. 앤더슨은 기상학과 컴퓨터과학을 공부했지만, 담당 업무는 소프트웨어 공학, 응용수학 및 통계학까지 두루 걸쳐 있었다. 전부 날씨 예측을 향상시키는 데 주안점이 있었다.

오십 대인 앤더슨은 에이브러햄 링컨처럼 얼굴이 갸름하고 눈썹이 특이했다. 불더에 있는 여느 사람들과 마찬가지로 햇빛에 그을린 피부에다 체구가 탄탄했다. 마치 당장이라도 산길을 뛰어다닐 수 있을 듯 보였다. 건물 내의 다른 사람들과 마찬가지로, 하의는 카키색 바지 그리고 상의는 단추를 채우는 파란색 셔츠를 입었다.

월터 오르 로버츠는 메사 랩은 미로라고 으스대곤 했다. 이런 말을 한 적도 있다. "연구실에서 화학 실험실로 가는 길만 해도 스무 가지나 됩니다." 아니나 다를까, 제프리와 함께 탑들 중 한 곳에 있는 그의 연구실로 갈 때 나는 허겁지겁 따라가기 바빴다. 연구실로 가기 위해선 사다리를 오르고 계단을 내려가고 여러 복도를 지나야 했다. 자전거 한 대가 벽에 비스듬히 기대어져 있었다. 근무 시간 중에 교수를 찾아가는 학생이 된 느낌이 들었다. 특히 앤더슨이 내가 가지고 있던 생각을 그냥 일축해버렸을 때는 더욱 그런 느낌이 컸다.

알고 보니 내가 품고 있던 가정은 틀린 생각이었다. 날씨 모형이 흔히 '알고리듬'—한 종류의 데이터를 집어넣으면 다른 종류의 데이터가 튀어나오는 컴퓨터 프로그램—이라고 불리는 것의 일종이라고 잘못 알았다는 말이다. 나는 전 세계에서 수집한 기상 관측 자료가 슈퍼컴퓨터로 흘러 들어가면, 슈퍼컴퓨터는 마치 고기 분쇄기처럼 작동해서 현재 날씨에 관한 데이터를 미래의 일기 예보로 변환시켜 주겠거니 생각했다. 하지만 전혀 그렇지 않았다. 이런 생각은 슈퍼컴퓨터 안에서 무슨 일이 벌어지는지 그리고 왜 슈퍼컴퓨터가 훌륭하게 작동하는지를 전혀 포착해내지 못했다.

“조금 전에 하신 말씀과 관련해서 말하면, 시뮬레이션 모형과 현실 세계 사이에는 긴장이 존재합니다.” 앤더슨이 입을 뗐다. 양손을 깍지 낀 채로 영화 〈워 게임〉에 나오는 팰컨 박사처럼 천천히 말했다. “하지만 선생님께선 언급하지 않으셨지만, 그 둘 사이에 놓인 긴장은 데이터 동화(data assimilation)입니다.”

현재의 날씨 관측이 곧바로 미래의 날씨 예측이 ‘되지는’ 않는다. 대신 모형 속의 대기는 계속기업(지속성장하는 회사)이다. 모형 속 대기는 기계 속의 행성 형태로 지속적으로 존재한다. 현실 세계의 날씨는 모형 속으로 ‘동화된다.’ 즉, 외부의 대기를 시뮬레이션된 대기와 일치시키는 과정을 겪는다. 마치 사교 댄서가 꾸준히 스텝을 배우듯이, 관측 자료가 모형의 이전 예측을 ‘수정한다’는 말이다. 앤더슨의 표현대로 “사소하지 않은” 바로 그 과정이야말로 모든 날씨 모형의 성공비결이다.

예보를 위해 투입되는 각각의 관측 데이터는 현실과 일치하는지 검사를 받을 준비가 되어 있는 날씨 모형의 가설이라고 볼 수 있다. “과학적 방법이란 우리가 어떤 관측 자료를 예측해낸다는 것입니다.” 앤더슨이 지적했다. 다만 날씨 모형은 현재와 가까운 미래에만 국한되지 않는다. 또한 날씨 모형은 날씨 데이터의 전체 저장고를 이용하여 가설 및 날씨 계산의 특정한 방법을 검증할 수 있다.

“새로운 예측 도구를 개발해서 5년간의 데이터로 그걸 검증할 수 있습니다. 하지만 검증해야 할 55년간의 다른 무관한 데이터도 있지요. 게다가 특정한 1년의 데이터만 다룬다 하더라도 그것과 완전히 무관한 다른 1년의 데이터도 많고요." 앤더슨이 아주 신난다는 듯이 말했다. "스스로를 속이긴 정말 어렵습니다!"

정의상, 최상의 날씨 모형은 어느 특정 순간에 그리고 시간의 흐름에 따라 대기를 가장 현실과 가깝게 시뮬레이션하는 모형이다. 어려운 점을 하나 꼽자면, 모형 내의 조건들이 모형 제작자의 설계 기준에 딱 들어맞게 완벽히 합리적으로 구성되고 제시되더라도, 현실 세계의 조건들—장치로 관측된 값들—은 제멋대로일지도 모른다는 것이다.

우트시라의 기상 관측소는 지금 있는 그대로다(그리고 오랫동안 그래왔다). 그 위치는 컴퓨터 내부의 데이터 구조에 맞추려고 달라지지 않을 것이다. 더군다나 현재의 날씨에 관해 우리는 모르는 것이 매우 많다. 관측소가 없는 장소들이 있으며, 틀린 관측 자료를 내놓는 장소들도 있다. 관측 시스템은 방대할진 모르나 불완전하다.

훌륭한 데이터 동화의 멋진 장점은 모형이 관측 자료가 드문 장소들을 보완할 수 있도록 해준다는 것이다. 데이터 동화는 관측이 잘 되는 지역과 그렇지 않은 지역 간의 다리 역할을 한다. 모형 공간과 현실 공간 사이의 차이로 인해 생기는 놀라운 결과는 모형이 현실, 적어도 관측되는 현실보다 더 자세하다는 것이다.

앤더슨의 설명을 듣고 나니, 날씨 모형에 관한 생각이 달라졌다. 날씨 모형은 현재의 날씨를 미래의 날씨로 변신시키는 고기

분쇄기(일방적 과정)는 아니었다. 이제 나는 두 개의 회전하는 지구를 나란히 떠올리게 되었다. 하나는 우리가 사는 현실의 지구로서, 이 지구를 우리가 우주공간에 나아가서 얻은 시야로 볼 수 있게 되었다. 그리고 다른 하나는 모형 지구인데, 이 모형 지구의 시뮬레이션 대기에는 구름과 폭풍들이 소용돌이치고 있다. 모형 지구는 미래 쪽으로 빠르게 돌려볼 수 있는 특별한 기능이 있다. 훌륭한 날씨 모형의 비밀은 두 지구를 얼마나 잘 일치시키느냐에 달려 있다.

전직 마이크로소프트 엔지니어인 캐머런 베카리오(Cameron Beccario)가 제작한 인기 웹사이트 널스쿨(Nullschool)이 그 점을 잘 보여준다. 널스쿨은 지구의 바람들이 낯익은 푸른 구슬(지구를 뜻함_옮긴이) 주위로 소용돌이치는 모습을 멋지게 시각화한 웹사이트다. 하지만 관측한 대로 지구의 바람을 시각화한 모습이라고 하기에는 무리다. 오히려 모형화된 대로 지구의 바람을 시각화한 모습이다. 우리가 관측과 모형을 일체로 여긴다는 사실은 모형이 얼마나 훌륭한지를 보여주는 증거인 셈이다.

하지만 시뮬레이션된 대기를 진짜 대기와 맞추는 모형의 재주는 완벽할 수가 없다. 안타까운 말처럼 들리지만, 모형이 언제나 더 나아지고 있다는 뜻이기도 하다. 대기를 관측하는 우리의 능력에는 한계가 없기에, 언제나 더 많은 관측이 이루어질 수 있다. 그러나 대기의 행동이 완벽하게 이해될 미래의 시점은 없을 것이다.

우리가 잘 알고 있듯이 컴퓨터의 능력도 꾸준히 향상되고 있다. 날씨 모형의 성능 개선을 생각할 때, 우리는 시스템의 두어 가지 구성요소에 치중하기 쉽다. 관측을 더 잘하게 되어 대기의 완벽한 영상을 얻기만 한다면! 날씨가 어떻게 '작동하는지' 더 잘 이해하기만 한다면! 가장 빠른 컴퓨터가 나오기만 한다면!

하지만 최상의 모형 제작자는 삼발의자의 세 다리—관측, 물리학 및 계산—가 언제나 함께 작동한다는 사실을 안다. 슈퍼컴퓨터는 계산을 기술하는 물리학이 없으면 무용지물이다. 계산은 다량의 관측 데이터가 없으면 쓸모가 없다. 관측 자료는 처리해 줄 컴퓨터가 없으면 쓰레기 더미일 뿐이다. 날씨 모형을 (이해는 고사하고) 향상시키려면 세 가지 모두와 친해져야 한다.

날씨 모형은 복잡하지만, 분명 유용하다. "시뮬레이션이 실제로 예측을 하지 않는 분야가 많으며, 관측도 실제로 예측을 하지 않는 분야가 많습니다." 앤더슨이 꼬집었다. 하지만 날씨 예측 분야에서는 "관측과 시뮬레이션을 합쳐야 하는데, 왜냐하면 사람들은 내일 날씨가 어떨지 거듭 알고 싶어 하기 때문이지요."

바로 그 점에서 날씨 모형은 선거나 스포츠 이벤트와 같은 다른 종류의 예측과 다르다. 날씨 시뮬레이션은 유일하게 보편적이다. 과학자들이 꾸준히 개량할 뿐만 아니라, 이 사안에 대한 관심사는 폭넓고 지속적이다. 우리는 매일 일기예보를 살피고 그 정확성을 실제로 체감하면서 재킷의 지퍼를 끌어올리거나 안경에서 물방울을 닦아낸다. 내일이 오늘이 되고, 우리는 예보가 옳

은지 틀렸는지 곧바로 안다. 그리고 예보가 더 나아질수록 우리는 예보를 더 많이 원한다.

불더의 산꼭대기에서 보았을 때, 예보의 수요로 인해 우리가 받는 혜택은 명백하다. "수치적 날씨 예측은 지난 60년간 지속적인 시스템 향상의 결과입니다." 앤더슨이 말했다. "시스템은 계속 나아지고 있고, 그 과정을 딱히 멈출 이유도 없습니다."

그런데 영국 레딩에 있는 또 하나의 언덕 정상보다 날씨 모형이 더 많이 그리고 더 일관되게 향상된 곳은 없었다.

8
유로

런던 외곽에서 그리 멀지 않는 그 버스 정류장의 이름은 '날씨 센터(Weather Center)'였다. 나는 밝은 색 가방을 멘 학생들을 밀치고 나가서, 대사관처럼 튼튼한 철제 펜스가 쳐진 구역 앞에 내렸다. 춥고 안개가 낀 날이었다. 텅 빈 정문 관리실로 걸어가서 인터컴 버튼을 누른 다음 카메라를 쳐다보았다. 정문이 덜커덩 열렸다. 길고 구불구불한 진입로를 따라 걸었더니 원형으로 서 있는 높은 게양대에 스물두 장의 깃발이 나부끼는 곳이 나왔다. 깃발들은 유럽중기기상예보센터(ECMWF)의 스물두 개 회원국 깃발이었다.

날씨를 계산하려면 무엇이 필요할지 상상했을 때, 루이스 프라이 러처드슨은 거대한 스타디움을 채운 64,000명의 사람들을 떠올렸다. 이 사람들의 두뇌가 나란히 작동하여 리처드슨이 내놓은 방정식을 풀면, 현재의 날씨를 바탕으로 미래의 날씨를 예측해내는 시스템을 구상했던 것이다. 리처드슨은 자신의 예보 공장이 운동장과 산과 호수로 둘러싸여야 한다고 믿었다. 그래야만 "날씨를 계산하는 이들이 날씨를 마음껏 호흡할 테니까."

영국 레딩에 있는 유럽중기기상예보센터는 모든 실용적인 의미에서 리처드슨의 꿈을 실현시켰다. "날씨의 진행 상황보다 빠르게" 정확한 일기예보를 전 세계에 제공하는 예보 공장이다. 거기에는 리처드슨이 상상했던 64,000명의 인간 계산원 대신에 한 쌍의 크레이 슈퍼컴퓨터가 있었다. 컴퓨터의 거대한 캐비닛은 마치 도서관 서가처럼 배구장 크기의 방 두 개에 있었다. 전 세계에서 가장 빠른 슈퍼컴퓨터에 속하며, 초고속 연산 상태를 유지하기 위해 2년마다 업그레이드가 된다. 내가 방문했을 때는 260,000개의 프로세서 코어를 통해 초당 90조 번의 계산을 수행할 수 있었다. 무게는 전부 합쳐서 100톤이 넘었으며, 하루에 4천만 건의 기상 관측 자료를 입력 받아서 90테라플롭의 속도로 계산을 수행했다. 짙은 색 캐비닛에는 마치 스타벅스 매장 벽면처럼 유럽의 산들의 일러스트가 스크린인쇄되어 있었다.

하지만 방금 말한 숫자들은 여러분이 이 책을 읽을 즈음에는 분명 달라졌을 것이다. 그래도 바뀌지 않을 것은—왜냐하면 그것이 유럽중기기상예보센터의 성공의 핵심이므로—슈퍼컴퓨터의 '계산 시간'이 사용되는 방식이다.

유럽중기기상예보센터는 컴퓨터 자원의 50퍼센트를 연구개발에 할당하는데, 센터 내의 과학자들이 복잡한 실험을 쉽게 할 수 있도록 하기 위해서다. 과학자들은 대기의 어떤 요소들의 행동을 계산하는 새로운 방식을 생각해내어, 날씨 모형에 적용해 보고서 실제로 더 잘 작동하는지를—다음 날 하늘의 상태처럼 확실히—알아낼 수 있다.

이런 과정의 혜택은 센터에서 일하는 과학자들한테 명약관화하다. 과학자들 다수는 센터에 자금을 대준 유럽 각국의 기상청에서 파견을 나와서 몇 년씩 근무한다. 코드 일부의 바뀐 내용을 슈퍼컴퓨터로 검사할 수 있고, 수치화된 대기의 조금 수정된 버전을 이용하여 효과적으로 새로운 모형을 내놓을 수도 있다.

날씨 모형은 주요 범주가 두 가지—실험적 모형과 운영적 모형—이듯, 주요 적용 범위도 두 가지다. 바로 지역적 범위와 지구적 범위이다. 단일 지역에 초점을 맞춘 모형은 구름 구조와 같은 정보를 더 세밀하게 시뮬레이션할 수 있기에, 강수 및 강설 예보를 더 잘할 수 있다. 지역 모형은 처리할 데이터가 적은 편이어서 더 자주 업데이트되는데, 매 시간마다일 때도 자주 있다. 또한 작은 시간 단위에서 작동할 수 있어서, 15분 (최근에는 훨씬 더 짧은) 간격의 날씨 변화도 예측할 수 있다.

구식 종이 지도에서와 마찬가지로, 지구의 더 작은 조각을 더 자세히 살피는 것은 이점이 있다. 하지만 이 역시 종이 지도에서와 마찬가지로 너무 자세한 것은 다루기 어렵다. 고해상도 모형은 더 많은 컴퓨팅 능력을 필요로 해서, 비용이 많이 든다. 그리고 더 먼 미래까지 예보하려면, 단기간의 정밀도는 정확성 면에서 이득이 적다. 작은 오차들이 합쳐져서 예보를 혼란스러운 방향으로 이끌기 쉽다. 이와 반대로 지구적 모형은 시간뿐 아니라 공간 면에서도 더 큰 확장성을 허용한다. 지구적 모형은 날씨 모형계의 헤비급 선수로서, 예보의 정확성의 경계를 더 큰 범위로 확장시킨다.

어떤 날씨 모형이 최상이냐를 놓고서는, 에둘러서 말할 이유가 거의 없다. 현재 자타공인 챔피언은 여기 유럽중기기상예보센터에서 운영되고 있는 주력 모형이다. 공식 명칭은 '통합예보시스템'이고, 비공식적으로는 (특히 미국인들이) '유로(Euro)'라고 부르는 지구적 날씨 모형이다.

날씨 모형들의 '능력'을 자세히 비교 평가하면, 유로가 단연 일등이다. 세계의 다른 지구적 모형들—가령 영국 기상청이나 미국 기상청이 운영하는 모형—과 비교했을 때, 유로는 가장 정확하고 시간 면에서도 가장 멀리까지 예보가 가능하다(가끔은 차이가 근소하기도 하지만). 또한 가장 향상된 모형으로서 가장 자주 이용된다.

모형 제작자한테는 낯익은 (하지만 우산 챙기기를 깜빡하는 우리들한테는 무의미한) 통계적 기준 가운데 "500헥토파스칼 이상 상관(anomaly correlation)"이라는 것이 있는데, 이 특수한 척도에서 볼 때 유럽중기기상예보센터의 실적 그래프는 순항고도에 다가가고 있는 비행기처럼—아직 도달하지는 않았지만—오르고 있다. 지난 20년 동안 꾸준히 상승해왔으며, 지금도 상승중이다.

유럽중기기상예보센터를 세운다는 발상은 1960년대에 유럽연합의 출범과 함께 등장했다. 미소 두 열강의 가공할 경쟁이 격화되자, 유럽의 장기간의 번영을 보장하기 위해 치밀하게 외교적으로 진행된 여러 활동이 있었다. 이를 위해 몇몇 유럽 국가들이 과학기술 연구라고 할 만한 분야에서 함께 협력할 일을 모색하기 시작했다.

초기의 잠재적 활동 목록은 올림픽 선수촌의 복도에 붙은 불만사항 목록처럼 꽤 평화롭고 예의바르며 국제적이었다. 몇몇 유럽 국가들이 해결에 나서기로 한 범유럽적 문제들에는 "언어 번역", "소음으로 인해 생긴 불편 해결" 그리고 "쓰레기 처리" 등도 포함되어 있었다. 하지만 "과학기술 연구"의 범주로 국한하여 두 문제를 추진하기로 했다. 바로, "장기 기상예보"와 "날씨에 영향 미치기"였다. "날씨에 영향 미치기" 과제는 당시엔 매우 인기가 있었지만 비현실적이라고 보아 제외되었다. 지금도 우리는 날씨를 (적어도 어떤 체계적인 방식으로) 바꿀 수 없으니 말이다. 하지만 장기 기상예보는 공략하기에 좋은 문제 같았다.

신생 유럽 공동체의 관점에서 보았을 때, 기상학은 추진하기에 장점이 많았다. 유럽의 과학자들은 국제적으로 활동하는 데 익숙했으며, 대기가 일종의 동맹체임을 오랫동안 잘 알고 있었다. 수치를 통한 날씨 예측에는 상당한 컴퓨팅 능력이 필요했는데, 이는 특히 작은 나라가 단독으로 감당하기엔 엄청난 비용이 소요되는 일이었다. 그리고 기상 연구는 어떤 면에서 정치적으로 안전했다. 비참한 실패의 가능성이 없는데다가 보통의 성공은 가능했다. 일기예보가 어느 정도라도 향상되면 성공으로 볼 수 있기 때문이었다. 이렇게 중기 범위에 초점을 맞춘 계획이 나왔다. 단기 예보는 각국의 개별 기상청에 맡겼고 장기 예보는 먼 훗날의 사업으로 남겨두었다.

유럽중기기상예보센터는 독립적으로 구성되었다. 자금만 회원국들에서 받을 뿐, 자체의 운영 위원회를 두었다. 설립 목적을 '중기'로 명시했는데, 당시로서는 사흘에서 닷새 정도의 일기예보가 목적이었다. (이후 활동이 성공적이어서 기간이 늘어났다.) 슈퍼컴퓨터는 가장 큰 것을 이용한다. 또한 각국 기상청에서 최고로 명석한 인재들이 순환 근무를 맡는다. 덕분에 개별 국가의 기상청이 달성할 수 있는 것보다 훨씬 큰 성과가 나온다. 원대한 전망이 아닐 수 없었고, 결국 성공했다.

유럽중기기상예보센터는 공식적으로 1979년에 영국 레딩의 현재 건물에서 문을 열었다. 영국 정부로부터 999년 동안 토지를 임대했는데, 눈이 휘둥그레질 단서가 달렸다. 바로 임대 기간 만료 시점에 건물을 '원래 상태로' 반환한다는 조건이었다. 설립

당일 찰스 왕자는 의식의 일환으로 애스컷(Ascot) 경마장에서 열리는 경마 대회에 관한 일기예보를 들었는데, 나중에 보니 대체로 정확했다.

당시 도트 매트릭스로 표시된 가장 긴 범위의 예보는 약 사흘 후의 날씨였다. 2005년 유럽중기기상예보센터의 날씨 모형은 충분히 신뢰할 수 있을 만큼 "재능이 있었다." 말하자면 그 모형의 예측은 특정일에서부터 닷새 후까지의 평균 기온보다 옳을 가능성이 더 컸다. 과거 데이터의 평균값을 통해 예보를 할 수도 있지만, 목표는 그것보다 늘 더 나은 예측을 하는 일이다.

2015년이 되자 유럽중기기상예보센터의 과학자들은 미래에서 하루를 더 짜냈다. 즉, 현재는 6일 예보가 1975년의 2일 예보만큼이나 잘 들어맞는다. 그렇게 되자 또 목표치를 옮겼다. 2025년까지 유럽중기기상예보센터는 큰 충격을 안겨줄 사건을 2주 앞서 예측할 수 있는 모형을 갖기 원한다. (이미 8일 전에 허리케인 샌디를 예측한 적이 있다.) 이런 목표만 보더라도 그곳이 얼마나 대단한지 알 수 있다. 유럽중기기상예보센터는 세계 최상의 지구적 날씨 모형을 보유하고 있을 뿐만 아니라 지난 40년 동안 줄곧 끊임없이 발전해왔다.

"이런 대단한 성과가 나다니 정말 놀라운 일이죠."

플로랑스 라비에(Florence Rabier)가 말했다. 당시 그녀는 예보국장이었는데, 곧 사무국장으로 승진하여, 유럽중기기상예보센터 역사에서 그 직책을 맡은 최초의 여성이 되었다.

"여기 오는 사람들은 세계 최고인 곳에서 일하고 싶어서 온답니다. 그런 영예를 잃고 싶어 하지 않아요. 만약 실적이 조금이라도 떨어지는 게 보인다거나 다른 곳이 어떤 파라미터에서 우리를 따라잡는다면, 다들 상당히 언짢을 거예요. 정말이지 저도 언짢을 테고요. 왜냐하면 제가 일기예보 실적을 책임지고 있으니까요. 하지만 실제로 책임을 지는 사람들은 개별 코드를 다루는 과학자들이에요. 그래서 이곳 과학자들은 굉장히 자부심을 갖고 일한답니다."

라비에는 자부심 강한 과학자들 중 한 명이었다. 그녀는 프랑스 기상청에 있다가 1996년에 이곳으로 와서, '4dVar'이라는 그녀의 선구적인 데이터 동화 기법을 구현하는 프로젝트를 추진했다. 원래 박사학위 연구 주제의 일부였는데, 지금은 유럽 날씨 모형의 우수성을 떠받치는 주춧돌 역할을 하고 있다.

우리는 유럽중기기상예보센터의 부산한 카페테리아에서 대화를 나누었다. 구운 닭고기, 핫롤, 쌀밥과 샐러드로 구성된 그럴듯한 점심을 먹으면서. 진수성찬은 과학기술계의 흔한 일상이긴 하지만, 모든 면에서 이 카페테리아는 언제나 센터의 중심지였다. 길고 좁은 실내에는 직사각형 식탁들이 길게 줄지어 있었고, 모두들 마치 구명선에 올라탄 승객들처럼 다닥다닥 붙어서 자리를 차지하고 있었다.

과학자들은 젊었다. 노르웨이인, 프랑스인, 세르비아인, 이탈리아인, 아일랜드인 등 유럽의 온갖 나라사람들로 구성되어 있었고, 모두 옷차림은 비슷했지만 모습은 달랐다. 남자와 여자, 키 큰 스칸디나비아인과 안경을 쓴 모로코인, 금발 혹은 갈색 피부. 모두 학자의 유니폼이라고 할 만한 청바지와 갈색 구두를 착용했고, 여성은 스웨터를, 남성은 와이셔츠 위에 스웨터를 입었다. 많은 이들이 자기 나라의 기상청에 있다가 다년간의 파견 근무를 나와 있었다.

라비에는 사무국장답게 외모가 남달랐다. 감청색 양복 상의를 입었고, 적갈색 머리카락이 어깨까지 내려와 있었다. 이곳에 있는 모든 이들이 알고리듬의 작성자였다. 이 카페테리아를 돌아다니는 사람들 이외의 사람들한테는 날씨 모형이란 일종의 블랙박스일 뿐이다. 하지만 바로 이곳 사람들은 전 세계에서 입수한 최상의 연구 자료를 바탕으로, 각고의 노력을 기울여 모형을 만들고 개선했다. 그러니까 그들은 매일 매일 날씨를 예측하는 게 아니라, 월과 년 단위로 예측 프로그램을 향상시키고 있었다.

카페테리아는 아침에도 점심에도 붐볐는데, 다시 오후에도 붐볐다. 두 대의 고성능 자동 커피머신 중 하나에서는 연한 공정무역 커피가 나왔고 다른 하나는 다크로스트 에스프레소가 나왔다. 나는 식기 선반에서 도자기 커피 잔을 하나 낚아채서, 커피머신 앞에서 줄지어선 과학자들 집단의 맨 뒤에 섰다. 과학자들은 잔을 채우고 나서 직사각형 식탁으로 향했다. 마치 육군사관생도처럼 다닥다닥 붙어 앉아 있었는데, 빈 자리라곤 찾아볼 수 없었고 단 한순간의 침묵도 존재하지 않았다. 구름 사이로 비친 비스듬한 겨울 햇살이 큰 창으로 스며들고 있었다.

이 센터의 원래 설립 동기가 단지 '컴퓨터 시설'을 공유하고 날씨 데이터를 교환하는 것이었다면, 초기의 국제적인 분위기는 확실히 더 장기적인 야망을 갖고 있었다. 그래서인지 라비에는 이렇게 말했다.

"우리는 최고가 되고 싶어 해요." 이미 최고라고 내가 말했더니 그녀는 동의하지 않았다. "글쎄요, 뭐, 지금의 7일 예보가 예전의 2일 예보만큼 좋긴 해요." 라비에는 모형의 성능에 대해 언급했다. "하지만 여전히 1일 예보만큼 좋진 않죠. 우리는 늘 한계를 밀어붙이고, 더 많은 걸 원해요. 그래서 저는 늘 이렇게 느껴요. '그래, 분명 나아지긴 했지만, 완벽하진 않아.'" 그녀가 어깨를 으쓱했다. "결코 완벽해지진 않겠지만요."

스스로도 알고 있듯이 라비에의 임무는 성능 개선의 행정적 기반을 유지하는 일이었다. 커피 서비스 외에도 과학자들 간의 협력이 면밀하게 추진되었다. 그래야 예보 부서와 연구 부서의 과학자들이 모형의 현재 능력을 잠재적 가능성과 지속적으로 비교하여 모형이 향상된다.

무엇이 모형을 더 낫게 만들까? "알다시피, 모형은 언제나 혼합체입니다." 유럽중기기상예보센터의 모형 부서의 수장이자 라비에의 동료인 피터 바우어(Peter Bauer)가 말했다. 오십 대에 가까운 호리호리한 독일인이었다. 큼직한 은색 다이빙 시계를 찼고, 검은 셔츠와 검은 청바지를 입었다. "종종 사람들은 상황을 단순하게만 보고 이렇게 생각하는 편입니다. '아, 우리한테 완벽한 관측 네트워크만 있다면' 또는 '완벽한 모형만 있다면'이라고요. 하지만 모든 측면을 두루 살펴야 합니다."

가령 유럽기상위성국과 같은 우주 기관들은 언제나 더 많은 관측을 위한 구실을 찾으려고 열심이다. 새 위성을 이용해 그걸 실현하려고 수십억까지는 아니더라도 수백만 달러를 투자하려고 혈안이다.

"하지만 때때로—언제나가 아니라 때때로—실제 걸림돌은 관측 부족이 아닙니다." 바우어가 말했다. 모형을 개선하는 데 더 큰 걸림돌은 이미 수집된 관측 자료를 잘 동화시켜 모형과 적절히 일치시키는 문제이다. 과학자들이 데이터 동화를 향상시킬수록, 관측 자료에서 더 많은 유용한 정보를 뽑아낼 수 있다. 데이터 동화가 나아질수록 모형이 수행해야 할 수정 작업이 적어진다.

하지만 그 과정은 느리게 진행될 수 있다. 평균적으로 매년 유럽중기기상예보센터는—위성이 아닌—다섯 개의 새로운 장치로부터 관측 자료를 모형에 추가해오고 있었다. 2013년, 총 50개 장치에서 얻은 데이터가 모형에 동화되었다. 2018년에는 그 수가 90개로 늘어났다.

모형의 복잡성은 다시 엄청나게 커졌다. 모형을 제작하려면 과제 목록이 다음과 같이 무수히 많다. 더 나은 관측 자료, 더 많은 관측 자료, 더 나은 관측 자료의 활용, 더욱 효율적인 이용, 더 나은 눈금 매기기, 더 높은 해상도, 더 높은 정확성, 더 빠른 컴퓨터 또는 더 빈번한 출력. 손봐야 할 것이 단 한 가지였던 적이 없다. 모형이 어떻게 작동하는지 파악했거니 여겼을 때마다 이제껏 몰랐던 또 다른 내용이 튀어나오곤 했다.

예를 들면, 입수된 관측 자료를 가장 잘 이용할 수 있는 모형은 훌륭한 일기예보를 위한 중요한 첫걸음이다. 하지만 모형 제작자의 핵심적인 관심사 중 하나는 관측 가능한 데이터 점들 '사이에 있는' 대기의 행동이다. 대기에는 모형으로는 (바우어의 표현처럼) "근본적으로 풀리지 않는" 일들이 벌어진다. 대기의 물리적 과정들은, 모형 제작의 전문 용어로 표현하자면, 행동이 '파라미터화(parametrization)'된다. 무슨 뜻이냐면, 특정한 한 점에서의 값보다는 한 격자 공간 내에서의 평균을 바탕으로 계산된다는 말이다. 현대의 모형들에서는 일정 범위의 고유한 '파라미터화'를 통해, 모형의 기본 격자보다 더 작은 스케일에서 대기의 행동을 정의한다. 참고로, 이 기본 격자도 슈퍼컴퓨터의 계산 능력이 커지면서 두어 해마다 더욱 조밀해지고 있다.

유럽중기기상예보센터에서 '방안(scheme)'이라고 부르는 이 파라미터화에는 인간적인 요소가 관여한다. 대체로 서로 다른 방안마다 담당자가 따로 정해져 있다. 담당자의 임무는 날씨(또는 날씨의 한 요소)가 어떻게 달라질지를 예측하는 방안의 능력을 향상시키는 것이다. 어떤 과학자는 복사열을 담당하고 다른 과학자는 구름을 맡는 식이다. 하늘의 "자유로운 대기" 속 대류와 난기류를 맡는 과학자도 있고, 지표면에 가까운 "경계층"에서의 대류와 난기류를 맡는 과학자도 있다. 여기서 "맡는다"는 말은 관련 모형을 "향상시킨다"는 뜻이다.

유럽중기기상예보센터의 과학자들은 쉴 새 없이 각고의 노력을 기울여 모형을 재조립하고 정교하게 다듬는다. 무엇이 하늘과 가장 잘 들어맞는지 알아내기 위해 늘 새로운 방법을 검증하면서 말이다. 이 과정은 반복적이기도 하고 본질적으로 실험적이기도 하다.

"사람들이 매우 빠르게 효율성을 찾아가면서, 만족 수준도 높습니다." 바우어가 말했다. "이렇게들 말해요. '나는 유럽중기기상예보센터 모형으로 실험을 수행하는데, 조금 수정된 과학적 내용을 2주 만에 검증해낸다고요!'" 대기과학자한테 그건 대단한 동기부여가 된다. "물론 이론적인 문서도 좋긴 합니다." 바우어가 빙긋 웃으며 말했다. "하지만 여기처럼 실제 운영이 가능한 상황에서 무언가를 하면 정말 좋지요."

정말 훌륭한 전략이 아닐 수 없다. 하지만 몇 달 전에 유럽중기기상예보센터의 미국 버전—미국 국립해양대기청 소속의 기상기후예측센터—에서 나는 새로운 아이디어를 모형 상에서 검증하는 시스템을 갖추기가 얼마나 벅찬 일인지 직접 보았다. 모형 제작 워크숍을 위해 미국 국립해양대기청을 찾은 과학자들은 모형 제작자들에게 한 가지 단순한 요청만 했다. 도서관에서 책을 찾듯이 "코드를 확인하길" 원했던 것이다. 그래야 모형을 생산적으로 손질할 기회를 얻을 수 있기 때문이다.

하지만 심지어 코드를 확인하는—모형의 개선사항을 실험하기 위한 첫걸음을 떼는—데에도 오랜 시간 기술적 장애물에 관해 논의해야 했다. 가령 로그인하는 사람이 고정된 IP 주소를 가져야 한다는 시스템 보안 요구사항이 그런 한 예다(여러분의 통상적인 가정용 인터넷 접속에는 해당되지 않는 내용이다). 확립된 방법 없이, 가동 중인 모형에다 수정사항을 시험해 보는 것은 마치 차를 길가에 세우지 않고서 바퀴 18개짜리 차의 타이어를 교체하는 방법을 알아내려고 시도하는 일과 비슷하다. 과학자들은 실험적 모형을 이용하여 개선사항을 연구했기에, 이것을 운영적 모형에 통합시키기가 어려웠다. (심지어 회의에서도 정부 자금지원이 없었기에 점심식사도 제공되지 않았다.)

유럽중기기상예보센터는 모던한 느낌의 베이지색 벽돌 건물들로 이루어져 있다. 담담하면서도 세련된 건물들은 M4 고속도로에 근접한 부지 주위에 배치되어 있다. 부지 한가운데에는 고무오리들이 쌓여 있는 마른 분수가 있다. 온갖 종류의 오리들이 있었는데, 어떤 오리들은 한 유럽 국가의 민족의상을 입었고 또 어떤 오리들은 다국적기업의 로고가 그려져 있었다. 축구선수 유니폼을 입은 오리도 보였고 지그문트 프로이트 얼굴이 그려진 오리도 보였다. 처음에는 아주 오랫동안 내려오는 괴상한 장난이겠거니 여겼다. 오리는 유럽중기기상예보센터의 접수계원한테서 구입할 수 있었다. 하지만 조금 후에 나는 오리가 그곳의 정신을 잘 담아내는 상징임을 알아차렸다. 개방적이고 우호적이며, 국제적이고 새로운 발상을 수용할 준비가 되어 있으며 조금 끈질기기도 한 정신의 상징이었다.

중앙출입구 바로 안쪽, 카페테리아와 슈퍼컴퓨터를 이어주는 통로 한쪽 켠에 기상실(Weather Room)이 있다. 오랜 세월 그곳은 옥스퍼드 대학의 학생휴게실처럼 꾸며져 있었다. 두툼한 안락의자와 책과 학술지들이 잔뜩 놓여 있었다. 하지만 최근에는 실내를 새로 꾸며서 여러 화면들로 구성된 큰 벽이 하나 생겼다. 이 벽은 대략 폭이 180센티미터에 높이가 60센티미터인 사각형 화면들이 격자 모양으로 설치되어 있는데, 날씨 모형에서 출력된 기상도들이 돌아가면서 표시된다.

주말을 제외하고 매일 분석가가 화면을 살피는 임무를 맡는다. 분석가는 극단적인 사건들, 즉 (시뮬레이션된) 대기 상의 이상한 특징이나 유럽중기기상예보센터의 모형과 다른 기상청의 모형들 사이의 큰 차이를 살핀다.

“어어. 여기 이상한 파동이 보이네요.” 라비에가 예를 하나 들어 말한다. “저건 진짜일까요 아니면 모형의 그릇된 신호일까요?”

분석 임무는 돌아가면서 맡는데, 내가 방문했던 주에는 팀 휴슨(Tim Hewson)이 담당자였다. 럭비 선수의 체구를 지닌 사십대의 큼직한 남자였다. 유럽중기기상예보센터에 온 지 얼마 되지 않은 휴슨은 영국 기상청에서 수석예보관 자리까지 지냈던 사람이었다. 영국처럼 날씨에 관심이 많은 나라에서 수석예보관은 계관시인과 조금 비슷했다. 자기 실력을 애써 드러내려고 하는 이들도 많지만, 그는 이미 공식적으로 검증된 사람이었다.

휴슨이 여기 왔다는 것은 유럽중기기상예보센터가 지닌 권위의 증거이자 센터의 추진 과제이기도 했다. 전통적인 의미에서의 예보를 하기 위해서가 아니라, 자신의 경험을 살려서 모형이 내놓는 출력을 향상시키기 위해 온 것이다. 평상시 업무에서 휴슨은 세상에 일기예보를 내놓는 일에는 관여하지 않는다. 일종의 스타 선수의 생체신호를 모니터링하면서 실적을 향상시킬 새로운 방법을 모색하는 트레이너와 비슷했다. 모형은 무엇을 하고 있을까? 날씨는 무엇을 하고 있을까? 무엇보다도 목적은 둘 사이의 빈틈을 찾아내서 모형 내부의 세계—현재와 미래—가 바깥에 있는 현실 세계와 더 잘 들어맞도록 하는 일이었다.

휴슨은 남다른 아이디어가 흘러넘쳤다. 약간은 의식적으로 이런 태도를 키우려는 듯한 모습이었다. 의자 하나랑 컴퓨터 두 대가 있는, 부스처럼 유리로 둘러싸인 사무실에서 한 주 내내 지내면서 말이다. 날씨 애호가들이 가득한 곳인지라 화면상의 큰 지도를 가만히 바라보는 사람들 그리고 위성 소개책자들이 펼쳐진 작은 커피 테이블에서 회의를 하는 사람들 모습이 자주 연출되었다. 휴슨은 자신의 워크스테이션과 큰 화면들이 걸린 벽 사이를 오갔다. 그러는 와중에 턱을 긁기도 하고, 흰색 공책에 필기도 하고, 누구든 찾아와서 의견을 제시하면 진지하게 들었다. 매일 그는 유럽중기기상예보센터의 내부 위키(wiki)나 게시판에 보고서를 올리곤 한다. 이에 대해 누구든 마음껏 댓글을 달 수 있다. 금요일이면 그 주의 일을 논의할 공개회의가 열린다.

하지만 매분기마다 유럽중기기상예보센터는 성찰과 토론을 위한 더 큰 회의를 개최했다. 예보 부서(Forecasting division)와 연구부서(Research division)를 합쳐서 'FD/RD'라고 불리는 이 회의에는 센터의 거의 전 직원이 모였다. 나도 마지막 분기의 회의에 맞춰 센터를 방문했다. 과학자들이 실제로 모형을 어떻게 개선시키는지 알 수 있는 절호의 기회 같았다.

서로 무슨 질문을 하고 어떻게 대답할까? 회의에서 특별한 관심사는 영국 기상청이 최근에 완료한 업그레이드였다. 영국 기상청은 두 시간 거리인 엑서터(Exeter)에 있었는데, 그 정도면 이 센터의 우월성을 실감하기에 충분한 거리였다. 동기부여가 되는 상황이라고도 볼 수 있었다.

"누구든 맨 먼저 할 질문은 분명 '그래서 그들이 우리를 따라잡고 있습니까?'일 겁니다." 라비에가 말했다. "미안하지만 우리는 조금 경쟁력이 있는 정도가 아니라 '매우' 경쟁력이 있습니다."

영화 〈탑건〉의 관점에서 보면 그곳이 어떤지 쉽게 알 수 있다.

유럽중기기상예보센터는 최고 중의 최고였다. 소속 과학자들은 가장 똑똑했고 슈퍼컴퓨터는 최고 성능이었고 가장 전문적인데다 가장 의욕적이었다. 하지만 그런 찬사는 두 가지 중요한 사항을 슬쩍 가린다. 첫째, 일상적인 면에서 볼 때 주요한 지구적 날씨 모형들 간의 차이는 근소하다는 점이다. 그래도 분명 한 모형, 대체로 이 센터의 모형이 더 일찍 정확하게 맞추는 경우—가령 허리케인 샌디—도 있기는 했다.

하지만 더 중요한 사항은 이 센터의 정체성의 핵심을 이루는 전략과 그곳이 추구하는 주제인데, 그것에는 날씨 모형의 정수(精髓)가 가득 차 있었다. 한마디로 말해서, 유럽중기기상예보센터의 날씨 모형이 세계 최고인 까닭은 모형이 항상 일신우일신하기 때문이다.

다음 날 아침 나는 카페테리아 위층에 있는 강당에 다른 사람들과 함께 줄지어 들어갔다. 그날은 두 가지 행사가 따로 열렸다. 우선 예보 부서가 모형의 전반적인 실적을 발표할 참이었는데, 거기에는 모형의 "표제로 발표되는 점수" 및 모형이 최근의 흥미로운 기상 사건들을 어떻게 다루었는지가 포함될 터였다. 이어서 오후에는 해당 모형에 어떤 발전이 있을지—또한 그 후에 어떤 발전이 있어야 할지—에 관한 논의가 진행될 참이었다.

기상학계의 지형은 늘 변하고 있었다. 경쟁자들 모두가 항상 발전하고 있으므로 이들 역시 꾸준히 성능 향상을 추진했는데, 추진 방향은 다음 두 가지였다. (거의 모두가 매년 하고 있는) 예보 수준의 향상 그리고 타의 추종을 불허하는 예보 수준의 향상. 모형의 '이상(異常)' 점수—모형이 얼마나 정확한지를 나타내는 척도—들이 강당의 큰 화면에 올라갔을 때, 내 뒤의 한 과학자는 주식 트레이더처럼 "예!"라고 외쳤다. 어림도 없지. 영국 기상청이 점수에서 뒤졌다.

"여전히 우리가 선두입니다." 오스트리아 과학자 토마스 헤이든(Thomas Heiden)이 사람들을 안심시켰다. "일 년 동안 순환 근무로 인한 자리바꿈이 없었던 걸 감안하더라도 여전히 좋은 결과네요."

모두들 고개를 끄덕였다. 그들이 남이 잘못 하길 바랐다고까진 말하고 싶진 않지만, 어쨌거나 자신들의 성공을 즐긴 것만은 확실했다.

모하메드 다후이(Mohammed Dahoui)라는 모로코인 과학자가 데이터 동화 담당 팀을 위해 발표를 하러 연단에 섰다. 그는 모형에 얼마나 도움이 되었는지를 기준으로 삼아, 어느 관측소가 꺼졌는지 켜졌는지를 표시한 목록—어느 위성 장치 소속인지 또는 어느 범주의 글로벌 관측 시스템인지에 따라 구분된 목록—을 훑어 내렸다. 그 분기에 가장 흥미로운 발전은 모형이 풍운(風雲) 즉, '바람 구름'이란 뜻의 중국 기상위성 FY-3b에서 얻은 데이터를 처음 사용했다는 것이다.

이는 특별히 놀라운 소식인데, 왜냐하면 그 위성은 5년 전에 발사되었기 때문이다. 그토록 오랜 시간이 걸렸는데도 데이터가 모형에 유용함을 확인해낸 셈이다. 지루한 과정이었다. 하지만 설령 추가적인 관측 자료가 점수를 아주 조금밖에 못 올렸다 하더라도 그만한 가치는 있었다. 데이터가 얼마나 유용한지를 알아보려고 실험을 실시하는 것도 특이한 일이 아니었다. 특히 습도를 측정했던 위성 풍운의 장치는 크게 기대를 모았다. 유럽중기기상예보센터 보고서의 표현대로, "이 극초단파 복사계의 데이터 품질에 관한 자세한 평가"가 당시의 현안이었기 때문이다. 날씨 모형 제작에는 새로운 슈퍼컴퓨터 구입보다 훨씬 많은 것이 필요했다. 일례로, 슈퍼컴퓨터에 실 가닥이 엉킬 때마다 과학자들은 이가 촘촘한 빗으로 긁어내주어야 점수가 올라갔다.

가끔은 정반대 상황도 벌어졌다. 장치가 사라지는데도 모형의 점수가 나빠지지 않기도 하는 것이다. 그 분기에 벌어진 놀라운 결과였는데, 미국 위성 시스템의 어떤 장치가 정전이 된 이후의 일이었다. 자세히 분석을 해보았지만, 데이터 동화 담당 팀은 관측 자료의 손실이—특히 다른 주요 글로벌 모형들과 비교했을 때—예보의 품질을 저하시킨 증거를 찾을 수 없었다. 놀라운 사실이었다. 미국 위성이 작동을 멈추었는데도 유럽 모형이 알아차리지 못했단 말일까? 앞줄에 있는 한 과학자는 유로의 '4dVar 시스템'(라비에가 개발해낸 시스템) 덕분에 모형이 특정한 관측 자료

집합이 빠져도 정상적으로 작동한 것이라고 추측했다.

관측 장치 관련 보고가 끝난 후, 검은색의 짧은 머리카락을 한 불가리아 과학자 이반 초네브스키(Ivan Tsonevsky)가 나왔다. 이반은—센터에 자금을 지원하는 유럽 국가들만이 아니라—전 세계에서 일어난 지난 분기의 몇몇 주요한 기상 사건들을 훑었다.

지구적 모형에서 보자면, 한 기상 사건이 뉴욕 주 버펄로에서 생기든 네팔의 안나푸르나에서 생기든 다를 게 없다. 버펄로와 대조적으로 안나푸르나 위에 1미터가량 눈이 내리는 상황일 때는 예외겠지만, 공식적인 강설 관측이 기록되지 않을 수도 있다. 그럴 경우 모형이 이전에 마지막으로 했던 예보가 실측 자료의 대용물로 쓰인다. 실제 관측 데이터보다 모형 내의 데이터에 의존하게 되는 상황이다. 실제로 눈이 오더라도 기록된 자료만이 시뮬레이션 대상이 된다.

갑론을박하는 과학자들이 기본적으로 던지는 질문은 이렇다.

"소프트웨어가 어떻게 작동할까?"

더 구체적으로 풀어내자면 이런 질문들이다. 우리가 제작한 모형의 복잡성을 어떻게 더 잘 이해할 수 있을까? 어떻게 해야 모형을 잘 이해하고 이를 통해 소프트웨어를 더 낫게 만들 수 있을까? 모형은 실제 관측 데이터를 어떻게 다룰까? 모형은 사이클론이나 오대호에 내리는 폭설처럼 우리에게 중요한 영향을 미치는 극단적인 날씨를 어떻게 표현할까?

나쁜 일기예보는 모형에서 다루는 대기가 현실의 대기와 어긋나는 순간일 뿐이다. 강당 내의 과학자는 저마다 머릿속에 나름의 모형을 갖고 있었다. 발표가 끝나면—때로는 도중에도—질문이 있었다. 당시 센터의 사무국장이던 앨런 소프(Alan Thorpe)가 전혀 망설임 없이 지적인 논쟁에 뛰어들었고, 젊은 과학자들도 아무런 거리낌 없이 반박에 가세했다. "네, 하지만"이 가장 흔한 답변이었다. 억양과 용모는 제각각이었지만, 모두들 이 도구—센터 내의 두 슈퍼컴퓨터 상에서 끊임없이 작동되고 있는 소프트웨어에 구현된 개념—에 대한 관심은 매한가지였다.

점심식사 후 사람들은 센터 내의 멋진 1970년대 제도실에 다시 모였다. 제도실 벽을 장식하고 있는 태피스트리에는 보라색 직물 다발로 표현된 기상도가 있었다. 50명의 과학자들이 위원회 탁자 주위에 둘러앉았는데, 마치 대학원 세미나 모습 같았다. 두 시간 동안 완전히 몰입해 있었다. 아무도 전화를 꺼내지 않았고 단 한 명도 밖으로 나가지 않았다. 논의 주제는 더 높은 분해능의 모형을 얼마나 빠르게 추진하느냐였다.

라비에는 '사용자'—각국 기상청—가 그걸 원하는데, 어느 정도 자국의 지역적 모형에 활용하기 위해서라고 주장했다. 하지만 분해능이 높다고 해서 꼭 예보가 더 나아지지는 않았고, 컴퓨팅 시간과 복잡도 증가로 인해 비용이 초래되었다. 당분간 그 사안은 미해결 상태로 남았다. 물론 분해능은 결국에는 업그레이드될 테지만, 당시로서는 모형의 향상을 위해 취해야 할 더 작은 단계들이 많았다. 해가 낮아지자 과학자들은 전부 일하러 자기 사무실로 돌아갔다. 물론 카페테리아에 들른 후에.

그날 내내 나는 과학자들이 한 해 동안 예보 시스템이 어떻게 발전했는지에 대해 논의하는 걸 들었다. 하지만 센터에는 두 번째 시간의 축이 있었는데, 바로 모형의 일일 2회 '실행'이었다. 기상학자들 및 전 세계에 있는 컴퓨터 시스템은 유럽 모형의 일정에 따라 자기들 일정을 정했다. 만약 미국 북동부에서 거대한 겨울 폭풍이 생기고 있다면, 출력을 기다렸다가 이 데이터로 다음 12시간을 위한 예보를 (확정하지는 못하더라도) 준비하느라 밤을 꼬박 새는 일도 드물지 않다.

유럽 센터는 컴퓨터와 통신 장치를 모니터링하기 위해 24시간 내내 담당 직원을 두고 있긴 하지만, 모형을 실행할 때마다 시작 단추를 꼭 눌러야 하는 것은 아니다. 주기는 자동화된 일정에 따라 반복되었지, 누가 일부러 감시하는 일은 극히 드물었다. 하지만 모형 실행에는 매번 꽤 시간이 걸렸는데, 각 단계마다 주의를 기울이기에 충분할 정도였다.

에이드리언 사이먼스(Adrian Simmons)가 모형을 실행해보기로 했다. 1979년에 합류한 사이먼스는 유럽중기기상예보센터에서 가장 오래 근무한 과학자 중 한 명이다. 재직할 당시 모형의 거의 모든 부분에 관여했던 그는 센터에서 누구나 인정하는 지혜로운 사람으로서 만인의 멘토였다. 우리는 한 가지 일을 꾸몄다. 사무실을 하나 빌려 슈퍼컴퓨터에 로그인한 다음 모형 실행의 진행 과정을 사이먼스로부터 듣는 것이었다.

시계가 네 시를 쳤을 때, 화면상의 첫 번째 사각형 점이 조용히 녹색으로 변했고, '이상무'라는 글씨가 떴다. 사이먼스는 목에 지퍼가 달린 황갈색 스웨터에다 체크무늬 셔츠 차림으로 표준 사양의 검은색 워크스테이션이 놓인 긴 책상 앞에 앉았다. 머리 위쪽에 놓인 게시판에는 역사적인 기상도들과 모형 처리 순서도—우리가 살펴보려고 하는 바로 그 내용—가 담긴 도해가 그려져 있었다.

이것이 러처드슨의 예보 공장이었다면, 운영자들은 전보를 통해 전 세계에서 들어오는 온도, 압력 및 습도 측정치의 집합을 미친 듯이 파악하고 있을 것이다. 인간 계산원이라면 방정식을 풀고 나서는 결과가 적힌 반짝거리는 표지판을 서로에게 비출 것이다. 하지만 그건 우리의 디지털 세계가 작동하는 방식이 아니다. 창 밖에 나무들이 모여 있었고, 슈퍼컴퓨터는 그 옆 건물의 긴 통로 끝 계단 아래에 있었다.

지난 열두 시간 동안, 진입로 바로 밑에 구불구불 깔려 있는 광섬유 케이블을 통해 최신 관측 자료들이 흘러들어오고 있었다. 시스템이 취한 첫 번째 단계는 이렇게 들어온 자료를 저장 서버에서 슈퍼컴퓨터로 옮기는 일이었다. 지구 대기의 현재 상태에 관한 미가공 데이터를 전부 수집한 다음, 슈퍼컴퓨터는 작업에 착수했다. 지난 열두 시간 동안의 관측 자료를 지난 열두 시간 동안의 예보와—실제 세계를 시뮬레이션 세계와—비교하여, 모형이 일치되도록 조정했다. 한 명이 주도하고 다른 한 명이 따라하는 발레 춤 파드되(pas de deux)가 떠올랐다. 실제와 모형이 함께 추는 파드되인 셈이었다.

현재가 미래의 열쇠이긴 하지만, 유럽 모형이 작동하는 방식에서는 관측된 현재를 모형의 현재—즉, 모형의 가장 최근 예보—와 비교해야 했다. 모형 내부에 한 버전의 대기가 있고 장치들이 관측한 또 다른 버전의 대기가 있는데, 처리 과정상 이 단계에서 그 둘을 비교하여 조정을 해야 했다. 다행히 대체로 아주 어렵지는 않은 단계였다.

"우리의 열두 시간 예보는 꽤 정확합니다." 사이먼스가 말했다. "그래서 관측 자료는 모형에 비교적 사소한 수정을 가할 뿐이지요. 우리가 처음 한 추측은 지난여름의 날씨라든가 지난 해 당일의 날씨 같은 게 아닙니다. 그러면 관측 자료에 큰 수정을 가해야 해서, 이 방법이 잘 작동하도록 만드는 데 무진 애를 먹을 겁니다. 하지만 우리는 출발점이 좋기 때문에, 즉 열두 시간 전까지의 관측 자료에서 얻은 모든 정보를 이미 동화시켜 놓았기에, 이미 상당한 사전조치가 가해져 있습니다."

그 모형은 입지전적인 멋진 성공 사례였다. 정말 훌륭한 대기 모형이었고 유럽중기기상예보센터가 관측 자료를 동화하는 능력이 매우 훌륭했기에, 오후와 저녁 사이에 필요한 조정은 꽤 미미했다. 어떻게 보면, 모형은 관측이 어떻게 될지도 이미 알고 있었다. 왜냐하면 미래를 잘 예측하기 때문이다. 그것이 바로 데이터 동화의 아름다움이다. 모형은 관측 자료의 다음 집합을 예측해냈다. 덕분에 사소한 조정을 통해서 관측 자료를 따라가기가 쉬웠다.

이 모두는 비교적 낮은 분해능에서 일어났는데, 왜냐하면 사이먼스의 표현대로 처리하는 데 "비쌌기" 때문이다. 즉, 많은 처리 능력이 드는 일이기 때문이다. 유럽중기기상예보센터 규모의 시스템에서는 "계산 관련 예산"이 모든 걸 좌우한다. 시스템의 수십 억 가지 단계는 세심하게 배열되어야지만 빠르게 완료되어 유용하게 쓰일 수 있다. 리처드슨은 한때 이렇게 내다보았다.

"어쩌면 먼 미래의 어느 날에는 날씨가 진행되는 것보다 계산을 더 빠르게 진행할 수 있을 겁니다."

관측 자료를 수집한 다음에 모형은 서로 관련된 숱한 요소들—지면 온도, 지면 습도 및 눈의 깊이—을 처리하기 시작했다. 슈퍼컴퓨터가 처리하기에 비교적 단순한 요소들도 있었다. 가령 해수면 온도는 직접 분석하기보다 영국 기상청에서 통째로 빌려왔다. 지구 시스템에 관한 한 모형의 버전이 다른 모형에게 정보를 제공함으로써, 특정 데이터를 공유하고 서로 협력하는 모형들의 집합체가 결성된 셈이었다.

"요즘은 조금 경쟁적인 세상 같지만, 비협조적이진 않답니다." 사이먼스가 확신에 차서 말했다. 모형이란 으레 그렇게 작동하는 법이다.

상태 표시등이 색깔을 바꾸자 사이먼스가 이맛살을 찌푸리면서 말했다.

"조금 아리송해졌네요." 모형은 'satid224'라고 명명된 것을 처리하고 있었는데, 이것은 특정 위성의 특정 장치를 가리켰다. '변분 편향 수정(variational bias correction)'이라는 과정이 작동하기 시작하여, 진행 중인 상태에서 위성 관측 자료를 조정했다. (우리가 앉아 있던 사무실은 많은 기법이 개발된 곳이었다.)

관측 자료는 장치의 특성 그리고 장치가 관측하고 있는 대기의 특성에 따라 가변적이었다. 지속적인 조정이 필요하다는 말이었다. 나로선 의아하기 그지없었다. 만약 그렇게 가변적이라면 실측 정보란 것은 아예 없다는 뜻이 아닐까? 절대적인 게 있기나 할까?

"우리가 수정하지 않는 관측 자료도 있습니다." 사이먼스가 말했다. "옳다고 우리가 '믿는' 관측 자료들이 있는데, 이 자료들이 시스템을 굳건하게 떠받치고 있지요."

과학자들이 무언가를 믿고 이를 근거 삼아 지구를 시뮬레이션한다니, 사이먼스의 표현이 좀 재미있게 느껴졌다. 하지만 모형은 어쨌거나 모형—현실이나 현실을 그대로 반영하는 것이 아니라 현실의 한 표현—임을 잘 드러내주는 말이었다. 대기의 광대함을 감안할 때, 모형에는 추측이 끼어들기 마련이다.

바로 이 점은 시스템의 또 한 가지 대단히 중요한 특징을 보여주었다. 시스템에 들어 있는 수억 가지 기상 관측 자료들 모두가 단지 어떤 값의 관측 자료만이 아니라 지구상의(또는 지구 상공의) 특정한 위치와 결부된 관측 자료라는 것이다.

모형은 삼차원 격자에 의해 정의되는데, 물론 관측이 꼭 그런 격자를 충실히 지키지는 않는다. 가령, 하늘에 떠 있는 기상 관측 기구는 지속적으로 측정 활동을 할 때, 어떤 모형에 정확히 대응하는 하늘의 추상적인 점에 국한하기보다는 삼차원 경로를 폭넓게 지나간다.

한때 관측 자료는—우트시라에서처럼—꼭 세계기상기구 관측소 ID 번호와 함께 전송되었는데, 그러면 계산원이 각 번호마다 별도의 테이블로 가서 위도와 경도에 따라 위치를 찾아냈다. 이런 과정은 위성 시대가 되자 달라져서, 단 한 대의 관측 장치가 매일 지구의 거의 전 영역을 훑을 수 있게 되었다. 관측소는 이제 더 이상 장소에 고정되지 않았다. 위성은 기상 관측 장치를 이전의 공간적 구속에서 해방시켰다. 한 술 더 떠서 관측이 전부 공간에서만 이루어지는 것이 아니라 시간에서도 이루어졌다. 바야흐로 관측은 언제나 4차원에서 이뤄졌던 것이다.

초기조건만 설정되고 나면 모형은 미래를 향해 출발했다. 이전에는 과거의 예보를 최근에 관측된 상태와 비교했던 반면에, 이제는 비에르크네스 방정식의 후예들이 고속 정보처리를 통해 현실을 앞서나가고 있었다. 레딩에서는 막 오후 다섯 시가 지난 순간이었지만, 슈퍼컴퓨터 내부에서는 여섯 시였다.

"여섯 시가 진짜 예보입니다." 사이먼스가 말했다. "우리는 미래 시간 속으로 들어가 있지요. '지금'보다 한 시간 앞서 있는 겁니다."

마치 하나의 마술이 진행되고 있는 것을 보는—비록 설명을 해주진 않지만—느낌 같았다. 혹은 새로운 소프트웨어가 설치되는 동안 상태 진행 막대가 조금씩 움직이는 것을 볼 때의 느낌이었다. 느리게 진행되었다는 뜻이다. 합리적인 사람이라면 이 시연, 즉 긴 장편영화에 극적인 요소가 부족하다고 말할지 모르겠다. 슬슬 배가 고파왔다.

"아직 붉은색은 전혀 표시되지 않았습니다." 사이먼스가 중얼거렸다. 모든 게 순조로워 약간 실망한 듯한 말투였다. 모형이 미래를 향해 진행하고 있을 때 우리는 비행기 연착과 크리스마스 선물에 대해 이야기했다. 건물 지붕에 빗방울 듣는 소리가 들렸다. 청소 도우미 한 명이 카펫이 깔린 복도를 카트를 밀며 지나갔다. 사이먼스가 손목시계를 보았다.

"10일 후 예측이 나올 때까지는 여기 있을 수 있지만, 그 후에는 집에 가서 할 일이 두어 가지 있습니다."

그리니치 표준시로 오후 5시 42분, 우리가 이 모험에 뛰어든 지 두 시간이 지났다. 모형은 4일 앞의 미래에 가 있었다. 오후 5시 50분이 되자 5일을 찍었다. 가속이 붙고 있었다. 모형이 앞으로 더 멀리 갈수록, 할 일이 적어졌다. 진행될수록 덜 정확해지도록 설정되어 있었는데, 왜냐하면 어쨌거나 예보의 신뢰성이 낮아지기 때문이었다. 6일 앞의 미래를 지나면, 모형은 여섯 시간마다 한 번의 출력을 내놓을 뿐이었다. 지켜보니까 모형이 앞의 5일간(1~5일)을 계산하는 데는 45분이 걸렸던 반면에, 뒤의 5일간(6~10일)을 계산하는 데는 30분도 채 안 걸렸다. 10일을 지날 무렵이었는데도 사이먼스는 집에서 해야 할 일을 까맣게 잊은 듯했다.

"이제 끝날 테니 세심하게 지켜봅시다." 사이먼스가 무심한 듯 말했다. 마지막 문장들이 화면에 쏟아져 나왔는데, 마치 전부 문자로 된 '스페이스 인베이더스(Space Invaders)' 비디오게임 같았다. 슈퍼컴퓨터는 임시 저장소인 캐시를 비우고 스스로를 청소하며 다음 운행—열 시간 후—을 준비했다.

"오케이. 이제 마무리되었습니다. 끝났어요. 상황 종료." 사이먼스가 말했다. 그는 다시 손목시계를 보았다. "6시 15분이 막 지났군요."

예보 시스템이 일을 마치는 데 2시간 15분이 걸렸다. 리처드슨의 꿈이 제대로 실현된 셈이다.

사이먼스가 옛 시절을 떠올렸다. "예전에 우리는 운영 요원들과 함께 중대한 변경 사항이 있는지 오랫동안 지켜보곤 했지요. 무언가 잘못되면 고쳐야 했고요. 요즘에는 그걸 집에서 고칠 수 있어요." 그가 한숨을 쉬었다.

그날 저녁 우리는 거기서 모든 단계를 지켜본 유일한 사람들이었지만, 바깥의 온 세상이 결과를 간절히 기다리고 있었다. 슈퍼컴퓨터가 대기의 모형을 파악한 다음에 결과를 전 세계의 수십억 명에게 뿌리는 셈이었다. 많은 기상학자들이 슈퍼컴퓨터의 최신 실행 데이터를 분석하려고 대기 중이었고, 숱한 컴퓨터 시스템이 이 최신 예보를 입수하여 자기들 모형에 적용한 다음 온 세상 사람들에게 보냈다.

사이먼스는 마우스를 클릭하기 시작하더니 다음 주의 큰 기상 동향을 보여주는 지도 몇 장을 띄웠다. 크리스마스 전까지 열흘 동안 전 지구의 대기 상태를 표시한 지도였다. 날씨 마니아한테 이것은 마치 바다에서 막 낚아 올린 최상의 물고기를 먹는 것과 같았다. 이 정보를 가장 먼저 얻는다는 게 어떤 값어치가 있을지 궁금해졌다.

"에너지 시장이요." 사이먼스가 말했다. 에너지 선물은 날씨 자체가 아니라 일기예보에 따라 거래되기에, 우리가 거기서 보고 있던 정보를 차익거래에 이용한다는 것이 이론적으로 가능했다. "하지만 우린 전부 직업이 있으니까, 뭐 상관없긴 하지만요." 그가 말했다. "그러고 보니 나는 직업이 없네요. 그래도 이 건물에 출입이 가능하니 그걸로 만족합니다."

사이먼스는 몇 분쯤 이메일에 답을 해줘야 해서, 내가 먼저 사무실을 나왔다. 좁은 복도를 따라 걸으면서 과학자들의 연구실을 지났다. 연구실마다 가벼운 나무 책상, 의자, 50계단 아래에 있는 슈퍼컴퓨터와 연결된 데스크톱 컴퓨터들이 보였다. 각 연구실에서는 수학과 반도체로 이루어진 육체와 정신이 예보 과정을 처리했고, 여기에는 바다의 부표와 하늘의 기구 그리고 우주를 나는 인공위성들이 정보를 제공해주고 있었다. 그곳은 우리의 기상 능력의 본거지였다. 또한 40년—어떻게 보자면 150년—간의 노력이 축적된 결과물이었다. 한마디로 예보의 원천이었다.

그 이후로는 어떻게 되었을까?

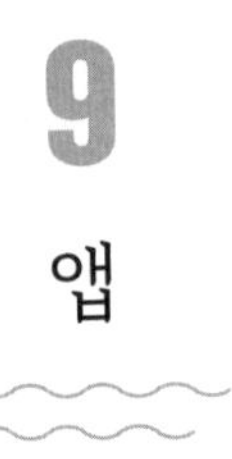

9 앱

인터넷에 일기예보가 처음 올라온 것은 1991년 2월 23일이었다. 미시간 대학의 멀쑥한 대학원생 제프 매스터스(Jeff Masters)가 올린 예보였다. 앤아버(Ann Arbor. 미시간 대학이 있는 도시_옮긴이)의 대기과학과에는 미국 기상청에서 데이터를 수집하는 위성 안테나가 지붕에 있었다. 쌍방향 기상 컴퓨팅 과목의 숙제를 하려고 매스터스는 데이터 피드에 간단한 인터페이스를 제공하는 짧은 프로그램을 작성했다. 누구든 세계 각지의 공항 코드를 입력하면, 공항이 위치한 도시의 미국 기상청 일기예보가 나왔다.

당시 미시간 대학은 인터넷의 중심지였는데, 정부와의 계약을 통해 인터넷의 기간통신 회선을 운영하는 비영리조직인 MERIT 덕분이었다. 그곳 직원의 도움을 받아 매스터스는 첫 프로그램에 두 번째의 작은 프로그램을 집어넣어 여분의 소프트웨어를 네트워크에 추가했다. 그렇게 자신의 기상예보 도구를 인터넷 상의 누구나 이용할 수 있도록 만들었다.

이 사이트는 금세 인터넷 상에서 핫한 곳이 되었다. 시작한 첫 주 만에 매스터스의 프로그램은 사용자가 500명이 되었다. 3주가 지나자 한 주에 120,000명이 습관적으로 3문자 코드(공항 코드는 세 개의 문자로 이루어져 있다_옮긴이)로 일기예보를 묻고 있었다. 매스터스는 이 도구를 웨더언더그라운드(Weather Underground)라고 이름 붙였다. 1960년대에 있었던 미시간 대학의 급진적 정치 집단을 대놓고 베낀 명칭이었다. 왜냐하면 당시로서는 급진적인 도구였기 때문이다. 매스터스가 내게 해준 말로는, "괴상하고 지하조직다운 최첨단의 것"이었다. 일 년 만에 웨더언더그라운드는 인터넷에서 가장 인기 있는 사이트 중 하나가 되었다.

하지만 매스터스의 사이트가 새로운 방식의 일기예보였다고 하더라도, 본질은 예전의 일기예보와 똑같았다. 적어도 초기의 그 시절에 웨더언더그라운드가 한 일이라고는 미국 기상청이 작성하여 기존의 네트워크를 통해 배포한 기상 전망을 입수하여 신생의 인터넷에 올린 것이 전부였다. 1995년 매스터스와 몇몇 동료들은 웨더언더그라운드를 비영리 회사로 전환했다. 여담이지만 아쉽게도 그들은 웨더닷컴(weather.com) 도메인 등록 기회를 간발의 차이로 놓치고 말았다.

웨더닷컴 도메인은 웨더채널(Weather Channel)—1980년대부터 방송하고 있는 미국의 인기 케이블 TV 방송—차지였다. 하지만 웨더채널은 곧 문제점 하나를 알아차렸다. 이들은 웨더언더그라운드와 달리 텔레비전용의 자체 예보를 만들고 있었다. 새로 개설한 인터넷 사이트가 주는 자극은 TV 시청자들이 유성연필로 (TV 방송과) 똑같은 데이터에 표시를 할 수 있다는 것뿐이었다. 그러나 안타깝게도 계획대로 되지 않았다. 우선 웹 사용자들은 국제적이었는데, 웨더채널은 자기만의 일정대로 운영되었다. 웨더채널은 더 적은 시간에 더 많은 장소를 업데이트를 해야 했다. 도움을 구하기 위해 운영자들은 (내가 그랬듯이) 볼더에 있는 미국 국립기상연구센터로 갔다.

당시 국립기상연구센터의 과학자는 피터 넬리(Peter Neilley)였는데, 실용적인 응용에 초점을 맞춘 연구를 하고 있었다. 옅은 갈색 머리카락에 뺨이 붉은 그는 1970년대에 뉴저지 주에서 어린 시절을 보냈을 때부터 줄곧 기상학에 관심이 있었다. 스키를 타러 갈 수 있도록 눈이 올지 예보할 수 있는 사람이 되고 싶었다고 한다. 이런 실용주의 정신은 나중에 MIT 대학원에서 했던 선택에도 지대한 영향을 끼쳤다. 학교 친구들이 날씨를 이론적으로 추구하는 노선을 따른 반면에 넬리는 대기과학과의 연구 데이터를 아날로그에서 디지털로 바꾸는 데 알맞도록 직접 컴퓨터와 운영체제도 만들었다.

"저는 내일의 날씨를 더 잘 예측할 수 있는 방법에 늘 관심이 많았습니다." 넬리가 말했다.

넬리는 웨더채널 회의에 초대받지 못했지만, 자신의 사무실에서 회의가 진행되는 내용을 들을 수 있었다. 회의 참가자들은 이른바 '전문가' 시스템을 계획하고 있었는데, 프로그래밍 가능 논리(programmable logic)를 전 세계의 인간 예보자들을 동원해서 구축한다는 발상이었다. 넬리가 보기엔 어림없는 일이었다. 인생에서 "나비가 펄럭이는 순간이었던" 바로 그때 넬리는 회의 내용을 듣고 있다가 발끈해서는 회의장에 뛰어들어 모조리 틀린 생각이라고 외쳤다. 전문가 시스템은 제대로 진행되지 않을 터였다.

전 세계에는 제각각 다른 접근법을 취하는 예보자들이 너무나 많을 뿐 아니라, 그 방식이라는 것도 이용하는 데이터 출처에 따라 달라졌다. 사람한테 의존해서는 전 세계는 고사하고 한 나라의 모든 장소에 대한 예보를 최신 버전으로 업데이트하는 것도 어림없었다. 때는 1997년이었고 인터넷—다른 모든 분야와 마찬가지로 날씨에서도—은 새로운 접근법을 요구했다.

넬리는 사람이 필요 없는—적어도 사람이 덜 필요한—것을 만들고 싶었다. 이를 위해 넬리는 날씨 모형들의 미가공 출력을 이용했다. 기상학자들은 1980년대부터 날씨 모형을 사용하고 있었지만, 대다수는 그걸 반신반의했다. 모형은 단지 '안내' 역할로 취급되었다. 받아들여도 좋고 아니어도 좋은 참고 사항 정도였다. 모형의 분해능은 당시의 초창기 디지털카메라처럼 비교적 조악했다. 따라서 예측이 일부 문제적인 장소들—가령 해안의 인구밀집 도시들—에서는 들쭉날쭉했다.

만약 뉴욕에서 가장 가까운 모형의 격자점이 10킬로미터쯤 떨어진 대서양 쪽에 있다면, 뉴욕에 대해 모형이 내놓는 기온은 거의 언제나 틀릴 수밖에 없었다. 넬리의 생각은, 그의 표현대로 하자면, "모형들을 취해서 노래하게 만들자"는 것이었다. 즉, 우리가 사는 실제 장소에서 모형의 출력을 온도 패턴의 과거 이력과 결합하자는 발상이었다. 유럽중기기상예보센터의 과학자들이 하는 물리학 작업과는 다른 종류였다. 대신 모형 출력의 통계적 사후처리에 의존하는 방식이었다. 대다수의 날은 그걸로 충분하겠지만, 극단적인 사건이 있을 경우에는 사람이 개입하게 될 것이다. 그 방안 덕분에 넬리는 웨더채널(나중에 바뀐 이름으로는 웨더컴퍼니)에서 일자리를 얻었고, 이후 이십 년 넘게 지속적으로 예보 결과를 향상시키는 과제를 떠맡았다.

오랫동안 그 시스템은 일종의 깔때기처럼 작동했다. 넓은 끝단에 다양한 입력, 즉 실시간 관측 자료와 기상 레이더 데이터 그리고 다수의 날씨 모형의 출력 등이 투입되었다. 웨더채널의 인간 예보자들은 반대편의 좁은 끝단에 앉았다. 예보자들은 출력을 '첫 번째 추측'으로 뽑아낸 다음, 이것을 각 모형의 과거 실적에 자신들의 경험 그리고 특정 장소의 날씨에 대해 자기들이 이해하고 있는 내용을 바탕으로 조정했다.

"언제나 사람이 일기예보 발표 버튼을 쥐고 있었습니다." 넬리가 말했다. "사람이 결정을 내리기 전까지는 예보 내용이 바깥으로 나가지 못했지요." 시스템 덕분에 사람들만으로 할 수 있는 것보다는 더 빈번하고 더 효율적인 예보가 나올 수 있기는 했다. 그래도 여전히 사람이 예보의 신뢰성을 책임지는 존재—동시에 예보의 발전을 가로막는 장애물—였다. 그러다 보니 예보는 가끔씩 업데이트될 수밖에 없었고, 넓은 지역에 대해 많은 예보를 하기에는 한계가 있을 수밖에 없었다.

스마트폰이 나오면서 이와 같은 시스템은 문젯거리가 되었다. 이전에 예보는 어떤 식으로든 늘 인간에게서 나왔다. 19세기에 예보는 아침 또는 저녁 신문에 등장했다. 우리 부모님이 어린아이였던 때가 1950년대였다. 그때 부모님은 라디오에서 예보를 들었는데, 예보가 아직은 썩 좋지 않았다. 나는 어린아이였을 때 예보가 아침 텔레비전에 나오길 기다렸다. 바보스러운 윌리어드 스콧(Williard Scott)이 백세 생일 기념 소원을 앞두고 일기예보를 진행하던 그 무렵이었다.

하지만 지금은 예보가 내 위치에 맞추어서 앱에서 나오고, 하루에도 여러 번 예보를 보고 있다. 모바일 장치로 바뀐 바람에 우리는 더 많은 장소의 날씨를 더 자주 확인하게 되었고, 장소뿐 아니라 시간상으로도 더 높은 정확성을 원하게 되었다.

넬리는 웨더컴퍼니의 시스템이 새로운 기대를 충족시켜야 한다고 여겼다. 모형들은 더 많은 짐을 실을 준비가 되어 있었다.

이미 예전보다 더 정확해졌고 더 많은 날을 미리 예측해왔다. 모형이 내놓는 출력은 단지 '안내'하는 역할에서 벗어났으며, 인간 기상학자들이 내놓는 결과와 구분하기 어려울 때가 많았다.

분해능이 높아지면서 공간적으로 더욱 정확해지고 있었다. 그리고 대기의 복잡한 현상을 더 잘 설명하는 새로운 모형들이 추가되면서, 고려할 모형들이 더 많아졌다. 덕분에 예보가 더욱 향상되었다. 넬리와 그의 팀은 새로운 '수요 엔진 기반 예측(Forecasts on Demand Engine)'을 구상했다. 사용자가 요청할 때마다—내가 앱을 열 때처럼—웨더컴퍼니의 방대한 데이터 풀에 자동으로 접근하여 해당 시간과 장소에 대한 예보를 꺼내오는 방식이었다. 이 시스템은 여전히 극단적인 높은 값과 낮은 값을 제외하는 등 모형 출력을 사람이 조정할 때도 있지만, 모형 스스로 "전체 작업의 90퍼센트를 수행한다"고 넬리는 말했다. "이제 사람은 뒷전입니다. 두 말 하면 잔소리죠."

바야흐로 웨더컴퍼니 시스템은 162가지의 상이한 모형 입력을 취합하고 있었다. 그중 대다수는 '앙상블'이라고 하는 유럽 모형을 조금 변형시킨 것들이었다. 전부를 몽땅 살핀 다음에, 가장 가능성이 높은 날씨에 집중할 수도 있을 테다. 하지만 그러기엔 살펴봐야 할 것이 너무 많았다. 깔때기가 소방 호스처럼 커진 셈이었다. 이미 모형이 상당히 향상되어서 사람이 그 과정에 덜 관여해도 괜찮았다.

"사람이 162가지 입력을 분석한다는 건 어림없는 일입니다."

넬리가 말했다. 넬리는 자기 팀원들에게 온도를 만지작거리는 걸 그만두라며, 이렇게 말했다고 한다. "그러니까 말이죠. 기온 예보를 수정하겠다고 나선다면 더 낫게 만드는 만큼 더 나쁘게 만들기도 합니다. 시간을 잘 활용하는 방법이 결코 아니에요!" 인간 예보자들은 주로 애틀랜타에 있는 웨더채널 본부에서 일했다. 그곳에서 승인이 나기 전에 예보 관련 정보가 쌓이는 일종의 정체 상태를 감독했는데, 이로 인해 필요 이상으로 예보가 뒤처졌다. 넬리는 이 문제를 해소하려면 사람들을 예보 과정에서 배제해야 한다고 보았다.

그렇다고 사람이 완전히 쓸모없진 않았다. 모형이 기술적으로 정확하긴 했지만, 뉘앙스를 알아차리는 능력이 많이 요구되는 순간이 여전히 있었다. (가령 컴퓨터는 평이한 언어로 '소나기'와 '폭풍'을 구분하는 데 애를 먹었다.) 넬리가 인간의 관여를 설명할 때 쓴 표현처럼 "예보자의 지혜"를 시스템에 탑재시키는 것이 관건이었다. 해법은 예보자를 걸림돌 역할을 하는 위치였던 고리의 끝에서 옮겨서 '고리 너머로' 이동시키는 것이었다. 그래야 제반 과정이 예보자들 없이 자동할 수 있기 때문이다.

"이전에는 사람들이 모형에서 출력이 나오기까지 기다려야 했고, 그 다음에야 자기들 할 일을 처리해서 게시했습니다." 넬리가 말했다. "이제는 관여하든 안 하든 상관없이 예보가 나옵니다." 하지만 만약 사람이 관여할 필요가 있다면 여전히 그럴 수 있다. 마치 사진사가 필터를 끼웠다 뺐다 하듯이 말이다. 인간 또

한 시스템의 또 한 가지 입력 사항이다.

2015년 7월, 아무런 발표도 팡파르도 없이 넬리가 시스템을 작동시켰다. 그날 이후로 웨더컴퍼니의 예보 시스템은 사람에 의존하지 않고도 데이터를 온 세상과 공유하기 시작했다.

넬리가 근무하는 웨더컴퍼니의 기술 부서는 보스턴에서 북쪽으로 50여 킬로미터 떨어진 매사추세츠 주의 앤도버(Andover)에 있다. 그곳의 한 깔끔한 기업 단지 내의 유리창 건물 2층에 자리 잡고 있다. 쓰나미라는 이름을 단 회의실에서 넬리와 소프트웨어 기술자 짐 리드르바우크(Jim Lidrbauch)는 새 시스템이 어떻게 작동하는지 보여주기로 했다.

리드르바우크가 노트북을 책상 위쪽의 큼직한 모니터에 연결시킨 다음에 HOTL이라는 프로그램을 실행했다. HOTL은 'Humans Over the Loop(사람은 고리 너머에)'라는 뜻이다. 절반은 구글어스를 절반은 타임머신을 닮은 프로그램이었다.

화면의 바닥에 있는 붉은색 슬라이더(조절장치)를 통해 기상학자들은 영화를 훑어보듯이 날씨를 빠르게 앞쪽으로 돌릴 수 있었다. 리드르바우크가 이리저리 움직이자, 지도에는 여러 다각형들이 겹쳐서 나타났다. 마치 다섯 살배기가 그림 그리기 도구를 마구 휘둘러 놓은 것 같았다.

각각의 다각형은 사람이 만든 수정 내용—기상학자 측에서 적극적으로 관여한 마지막 흔적—을 나타냈다. 언제든 전 세계 어디에서든 누군가가 다각형 내의 한 위치에 대해 예보를 요청하면, 수정 내용이 출력에 자동으로 적용된다. 필터(이 프로그램 상의 다각형을 가리켜 회사 직원들은 필터라고 부르는 듯하다. 필터를 거치면서 뭔가가 달라지듯이 이 다각형은 사람의 개입으로 모형의 출력 내용을 바꾸기에 이렇게 쓰는 듯하다_옮긴이)가 '얼음 없음'을 지시했는데, 이는 (모형이 무슨 출력을 내놓았든지 간에) 해당 지역에 대해 예보 엔진이 진눈깨비가 아니라 비나 눈 중에 하나를 출력하라고 말하는 것이다.

조지아 주 상공에 있는 또 하나의 다각형은 애틀랜타에 있는 누군가가 표시한 것이다. 시스템이 운량(雲量)을 5퍼센트 증가시키고 기온을 1도 감소시키라는 지시였다.

"사소한 조정이에요." 리드르바우크가 말했다.

넬리가 긴 책상의 끝에 앉아서 노트북 너머를 사팔뜨기 눈을 하고 쳐다보았다. "작동 필터 하나가 기온을 낮추라고 한다고요? 그게 어디에 적용되나요? 그게 어느 시간 간격을 다루나요?"

"오늘 오후요." 리드르바우크가 말했다. 그는 누가 그런 변경을 했는지 확인해보았다. 애틀랜타에 있는 웨더컴퍼니 소속의 후앙(Juan)이라는 기상학자였다. 창밖을 내다본 후앙은 시스템이 기상 상태를 처리하는 방식이 맘에 안들었던 것일까? 아니면 심심해서였을까?

넬리가 한숨을 쉬며 말했다. "나머지 오후 시간에 대해 애틀랜타에서 화씨 1도를 뺀답니다. 그게 시간을 잘 사용하는 걸까요? 원래 인간이란 일로 시간을 채워야 하는 존재이긴 하지요."

웨더컴퍼니의 컴퓨터화된 시스템은 이용자가 알려달라고 할 때 일기예보를 내놓는데, 전 세계에 걸쳐 하루에 약 260억 회에 이른다. 그중 대다수는 인간의 개입 없이 이루어진다. 이것은 앱의 사용으로 인해 달라진 내용 이상의 것이다(훨씬 더 큰 변화다). 기상학의 훨씬 더 광범위한 변화를 나타낸다. 예보자가 더 이상 예보를 하지 않는 것이다.

비록 넬리는 '고리 너머' 방식으로 바뀐 것을 '혁명'이 아니라 '진화'라고 줄곧 부르긴 하지만, 그럼에도 불구하고 대단한 성취임은 분명하다. 넬리는 자신의 팀을 이끌고 루비콘강을 넘어버렸다. 날씨를 계산할 수 있다고 처음 고려한 지 한 세기 후에, 최초의 컴퓨터 날씨 모형이 나온 지 육십 년 후에, 그리고 날씨 모형이 널리 유용하게 쓰인 지 삼십 년 후에 드디어 모형화 시스템이 인간이 하듯이 예보를 할 수 있게 되면서 진정한 성숙기에 이르렀다. 앞으로는 모형이 주도하게 될 터였다. 기계가 예보를 맡았고 기계가 바빠졌다.

웨더채널이 2012년 회사 이름을 '채널'에서 '컴퍼니'로 교체하기 직전 마침내 웨더언더그라운드를 인수했다. 애플이 '컴퓨터'를 내놓았을 때와 마찬가지로, 인수 사건은 웨더채널은 물론이고 기상학계 전반의 폭넓은 변화를 반영했다. 회사는 더 이상

텔레비전이 사업 영역이 아니었고 이제는 정보 회사가 되었다. 이는 2016년 IBM이 웨더컴퍼니를 인수하면서 훨씬 더 명백해졌다. (하지만 웨더채널 케이블 네트워크는 인수하지 않았다. 케이블 네트워크는 웨더컴퍼니의 데이터를 바탕으로 독립적으로 운영된다.)

웨더컴퍼니의 '예보 엔진'이 맡는 범위는 엄청나다. 자신의 웹사이트와 앱 그리고 웨더언더그라운드의 웹사이트와 앱에 서비스를 제공할 뿐만 아니라, 구글, 애플, 야후, 페이스북 그리고 전 세계의 숱한 다른 웹사이트와 텔레비전 방송국에서 이용하는 예보도 제공한다. 또한 항공사와 전력회사 같은 고객사나 그들의 데이터를 새로운 방식으로 이용할 길을 모색하는 적극적인 기업에 대한 전문적인 예보 서비스도 제공한다.

하지만 우리 대다수에게 예보는 조금 더 개인적으로 다가온다. 딸아이가 어렸을 적 밤에 잠을 자기 전에 침대에서 똑같은 질문을 하곤 했다.

"내일은 어떻게 될까요?" 물론 별 뜻 없이 한 질문이었다. 잠을 재촉하는 행위이자 잠으로 딸을 이끄는 생각일 뿐이었다. 딸의 속마음은 현실적이었다. 내일이 학교 가는 날인가요 아니면 휴일인가요? 무슨 특별한 계획—놀이약속, 꼭 해야 할 일, 어떤 거창한 모험—이 있는 날인가요? 만 네 살배기는 시간 개념이

희박한지라, 달력의 지루한 경과라든가 하루하루, 한 주 한 주, 계절과 인생의 빠르고 느린 리듬이 실감되지 않았을 것이다. 어쩌면 딸의 질문은 실존적인 것 같기도 했다. 눈을 뜨면 내일이 존재할 것이라는 확신을 원했던 셈이다. 어둠이 끝나고 나면 해가 늘 떠오른다는 확신 말이다.

"내일은 어떻게 될까요?"라는 딸아이의 질문은 날씨와 무관하지만, 나는 그랬으면 좋겠다고 종종 생각했다. 가장 답하기 쉬운 질문이기 때문이다. 그런 질문이라면 3초 만에 확실히 답할 수 있다. 휴대폰에 깔린 예닐곱 가지 날씨 앱 중 하나를 열면 기호들이 나온다. 옅은 구름과 태양, 드문드문 내리는 눈송이 그리고 바람을 뜻하는 평행선. (대체로 그런 편인데) 앱이 웨더언더그라운드라면, 나는 넬리가 만든 예보 엔진을 사용하고 있을 것이다.

이런 기호들은 자주 바뀌긴 하지만, 현재 버전에서는 빨간색 선이 희미한 격자를 배경으로 낮 시간에 구불구불 흐르는데, 그 선의 마루와 골들은 이후 열흘 동안 오후의 고점과 야간의 저점을 나타낸다. 가장 흥미로운 부분이 그것이 변하는 방식이다. 시간이 흐르면서 빨간색 선의 모양은 마치 풀 속의 뱀처럼 미묘하게 달라진다. 아침에 확인하면 사흘에 대한 고점이 섭씨 7.2도이다가도, 오후에 다시 확인하면 6.1도라고 나와 있을지 모른다. 사실은 예보가 더 이상 사흘까지 내다보진 않고 단지 이틀 반만 나오긴 하지만 말이다.

예보는 정적이지 않다. 미래는 언제나 가까워지고 있다(시간은 그렇게 작동한다). 하지만 예보 자체는 언제나 변하는데, 미래가 현재가 되는 순간까지 쉼 없이 모형이 매번 실행될 때마다 가장 가능성이 높은 날씨를 내놓도록 진행된다. 예보는 리듬이라기보다는 흐름에 가깝다. 예보는 일련의 처리 과정, 즉 시스템의 여러 단계를 거칠 뿐 아니라 저 높은 대기와 저 먼 우주를 포함해 온 세상이 관여하는 계산과 관측을 통해 얻어진다.

예보는 마치 거대한 숨은 빙산의 뾰족한 윗부분처럼 긴 데이터 공급 사슬의 최종 지점이다. 내 손 안의 화면에 뜰 무렵 그 모든 것들이 응축되어 '날씨'로 표시된다. 복잡하고 거대한 시스템의 말쑥한 얼굴만 나타나는 셈이다. 예보 덕분에 나는 매 시각마다 기온이 어떨지 알 수 있다(적어도 대략 짐작할 수 있다). 경험을 통해 나는 기온이 어떤 느낌일지—영하 9도가 얼마나 목을 예리하게 파고드는지 33도가 어떤 부담으로 작용하는지—상상할 수 있다.

휴대폰 화면상의 작은 프로그램이 항상 옳다는 보장은 없지만, 대체로 실제 날씨에 매우 가깝다. 어떻게 우리가 내일을 대할지, 어떻게 무대 위의 시간 동안 뽐내며 걸을지 조바심을 부릴지는 열린 질문이다. 평생에 걸쳐서 답하는 법을 배워야 하는 문제이다.

내일 날씨는 어떨까? 이 질문은 날씨 기계 덕분에 쉬운 것이 되었다. 하지만 정작 그걸로 우리가 뭘 할지는 더 어려워졌다.

10
좋은 예보

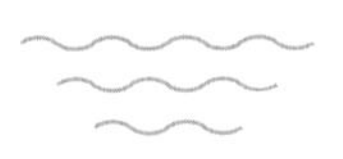

팀 파머(Tim Palmer)와의 대화는 조금 뜻밖의 일이었다. 내가 레딩에 있는 유럽중기기상예보센터에 있을 때 보니까, 사람들이 그의 이름을 줄곧 입에 올렸다. 파머는 일종의 막후 실력자였다. 센터에서 그리 멀지 않은 옥스퍼드 대학에 교수로 있던 파머는 센터에 가끔씩 찾아오곤 했다. 파머가 명성을 떨친다는 사실은, 그곳이 더 나은 예보에 집착이 강하다는 점을 고려할 때, 조금 우스웠다. 파머는 날씨 예측이란 완벽하지 않으며 결코 완벽해지지 않는다고 주장하는 사람이었다. 대신 그는 스스로 남달리 즐겨 사용한 모순어법처럼 "낮은 정밀도를 지닌 높은 정확도"를 추구하자고 주장했다.

"그 생각은 몇 년 전에 떠올랐습니다." 파머가 말했다. 우리는 웨더 룸의 한쪽 구석에 있는 낮은 의자에 앉아 있었다. 파머는 늘어난 푸른색 스웨터 안에 폴로셔츠 입었고, 회색의 곱슬머리가 풍성했다. 우리 앞의 커피 테이블 위에, 마치 치과에 있는 영화 잡지처럼 새 NASA 위성의 소개책자가 하나 놓여 있었다.

"누군가가 전화를 했어요. 그 사람들이 결혼기념일인가 뭐 비슷한 날이어서, 큰 파티를 준비하는 모양이었습니다." 그가 말했다. "그래서 토요일에 비를 대비해서 야외천막을 쳐야 하는지 월요일까지 알아야 했지요." 그러니까 다음 질문의 답을 알아야 했다. "비오 올까 안 올까?"

이 질문은 이 건물 안의 날씨 모형 제작자들이 답을 내놓기를 갈망하는 유형의 질문일 듯하다. 제작자들의 목표는 언제나 옳은 완벽한 모형이었다. 하지만 그건 틀린 야망이라고 파머는 주장했다.

"인생이 꼭 그렇게 단순치만은 않습니다. 결정해야 할 사안은 파티에 오는 사람들이 비를 맞지 않는 게 얼마만큼 중요하냐는 겁니다. 가령 여왕이 오는데 비 올 확률이 10퍼센트라면, 여러분은 야외천막을 치고 싶을 겁니다. 왜냐하면 만약 여러분이 기사 작위를 얻어야 할 처지인데 여왕이 비를 뒤집어쓴다면, 좋은 일이 아닐 테지요. 그러니 10퍼센트 확률이라도 야외천막 치는 데 돈을 왕창 써야 합니다. 한편, 동네 술친구가 오는 거라면, 강수 확률이 80퍼센트쯤이 아니라면 굳이 야외천막을 치지 않아도 되겠죠." 파머는 나를 향해 눈을 찡긋 하고는 말을 이었다. "여기서 요점은 그때그때의 사정과 그런 확률을 함께 알면, 단지 '비가 온다' 또는 '비가 안 온다'는 양자택일의 판단보다 훨씬 더 타당한 결정을 할 수 있다는 겁니다."

날씨 예보는 어디에 좋을까? 좋은 날씨 예보란 어떤 것일까? 날씨 예보자는 어디에 좋을까? 현재 수준으로 봤을 때 날씨 기계가 거둔 성과는 기상학을 전환의 시기로 밀어붙였다. 피터 넬리라면 이를 '혁명'이 아니라 '진화'라고 주장하겠지만, 그래도 대단한 성취임은 분명하다. 인간 예보자는 예보를 점점 덜 하고 있다. 대신에 날씨 모형들 그리고 웨더컴퍼니의 예보 엔진처럼 모형과 우리 사이에 위치한 시스템들이 더 많은 일을 하고 있다.

이러한 변화의 최전선에 웨더컴퍼니만 있는 것은 아니다. 가령 2017년까지만 해도 미국 기상청은 웨더컴퍼니가 13명의 직원으로 하는 일을 2,500명의 집단을 동원해 어느 정도 수동으로 하고 있었다. 자동화된 시스템을 적극적으로 지향하게 되면서 미국 기상청은 직원의 작업 우선순위를 바꾸었다.

"우리의 일이 실제로 끝나는 지점을 근본적으로 바꾸고 있습니다." 미국 기상청장 루이스 우첼리니(Louis Uccellini)가 내게 한 말이다. 무엇보다도 그 말은 비상상황 관리자와 공공사업 담당 공무원에게 기상 관련 사건의 발생 가능성과 이로 인한 중대한 영향력을 설명하는 데 더 많은 시간을 들이겠다는 뜻이다. 장래에는 그것만이 유일한 일이 될 수도 있다.

이런 개념은 신세대 텔레비전 기상 캐스터들한테는 이미 익숙하다. NBC 코네티컷의 방송 기상 캐스터 라이언 한라한(Ryan Hanrahan)은 과학 교육을 폭넓게 받았지만, 그렇게 배운 지식을 일간 예보에서는 점점 덜 사용해왔다. 몇 년 전만 하더라도 자주 사용했는데 말이다. (큰 폭풍은 다른 이야기다.)

"확실히 우리는 지금부터 사흘 후의 기온이 18.8도일지 20도일지 실제로 알아내는 것보다는 소통에 더 중점을 주는 역할로 옮겨가고 있어요." 한라한이 말했다. 기상 전문가의 역할이 이처럼 패러다임 전환을 겪는다는 인식이 고르게 퍼져 있지는 않았다. "어떤 사람들은 컴퓨터가 사람처럼 예보를 잘할 수 있다고 보지 않는 것 같아요." 한라한이 덧붙였다. 수십 년 동안 기상 모형들의 출력을 지켜보았지만 신통치 않다고 여긴 사람들한테는 타당한 반응일지 모른다. 하지만 모형의 성능이 확연히 향상되면서, 기대치가 올라갔다. 이제는 사람이 모형보다 더 예측을 잘하기란 불가능까지는 아니더라도 매우 어려워졌다.

역설적이게도, 바로 이처럼 자동화된 예보가 향상되는 바람에 소통이 새롭게 주목받게 되었다. 예보가 두 번에 한 번꼴로 틀리던 시절에는 결정을 내리기가 어려웠다. 비행은 때늦게 취소되었고 학교는 이미 눈이 내린 후에야 폐쇄되었다. 오늘날의 예보는 미리 조치를 취할 수 있을 정도로 좋은데, 6~7일 후의 예보가 맞을 때도 자주 있다. 여기서 새로운 도전과제가 하나 제기된다. 예보를 이용해서 어떤 결정을 내려야 하는가? 과거에 기상 전문가들은 이 현실에 발 빠르게 대응하지 않았다.

"그건 언제나 우리 과학의 부수적인 내용이었고, 다른 누군가의 문제였습니다." 넬리가 설명했다. "우리의 과학은 오랫동안 이렇게 말했지요. '우리는 다만 정확성에 집중할 것이고 그래서 정확성의 유토피아에 이르면 사회는 잘 돌아갈 것이다.' 하지만 알고 보니 그건 완전히 빗나간 생각이었습니다." 예보자들의 일이 더 확장된 것이다. 이제는 "모형을 통해 예보를 내놓은 일에서부터 개인별로 효과적인 결정에 이르기까지 전체 가치 사슬"이 포함된다고 넬리가 말했다.

미국 기상청에서 예보자 노조는 당연히 소속 노조원들이 로봇으로 대체된다는 전망에 의심을 품어왔다. 하지만 우첼리니는 그 문제를 목적의 기본 의미로 되돌아가는 것으로 여긴다.

"기상청 임무를 살펴보면, 첫 번째 부분은 '날씨, 물 및 기후에 대한 관측, 예보 및 경고를 생산하고 전달하기'입니다." 우첼리니가 말했다. 하지만 두 번째 부분은 "생명과 재산을 지키고 국가 경제를 향상시키기"이다. 우첼리니는 앨런 머피(Allan Murphy)의 말을 인용하길 좋아한다. 1997년에 작고한 오리건주립대학의 이 기상학 교수는 달변에다 명석한 사고로 유명했다. "예보에는 내재 가치가 없다"고 머피는 적었다. "다만 예보는 예보를 사용하는 사람들이 내리는 결정에 영향을 미치는 능력을 통해 가치를 획득한다." 단지 날씨를 올바르게 예측하기만이 아니라, 결국에는 예보로 우리가 무엇을 할 것인가가 중요하다는 말이다.

왜 날씨를 확인할까? 저마다 관심사와 의미부여는 제각각이지만, 어쨌든 우리는 일기예보에 기대고 산다. 이후에 날씨가 어떻게 되고 그게 얼마만큼 우리에게 중요할지를 알려주는 예보의 능력 때문이다.

"일기예보를 하는 유일한 목적은 의사결정을 돕는 것이다." 팀 파머는 이렇게 적었다. "내가 매일 통근하는 사람이라면, 일하러 가면서 우산을 챙겨야 할까? 내가 지역 시정 책임자라면, 닥칠지 모를 허리케인에 대비해 해안 도시에 대피 명령을 내려야 할까? 내가 국제 구호요원이라면, 지속적인 가뭄이 시작되기 전에 구호 조치를 준비해야 할까?"

이런 질문에 대답하는 놀라운 능력은 위성과 슈퍼컴퓨터, 관측소와 물리학자에게서 나온다. 또한 대기를 더 잘 시뮬레이션하는 데 여념이 없는 유럽중기기상예보센터의 수백 명 과학자들한테서 나온다. 하지만 그래도 완벽하진 않으며, 심지어 거의 완벽에 기까운 결과도 시간적으로 (3일, 4일, 어쩌면 5일…) 제한되어 있다. 날씨 기계가 계속 성능이 향상되자, 진정한 성공이라고 여길 만큼 진화하는 일이 앞으로의 과제가 되었다. 그리고 언젠가는 필사적인 지구의 생존에도 큰 보탬이 될 만큼 발전하면 좋겠다.

PART 4

보존

11
날씨 외교관들

1776년 7월 1일 월요일 아침, 토머스 제퍼슨이 필라델피아에 있는 펜실베이니아 주 의회의사당에 도착했다. 지난 두 달 동안, 제2차 대륙회의의 동료 대표들과 함께 제퍼슨은 (자기가 이름 지은) "이 통합된 주들(these united states)"의 미래를 놓고서 열띤 토론을 벌였다. 그가 작성을 맡은 〈독립선언서〉 초안이 완성되었고, 남은 일이라고는 대표들의 충성서약과 서명뿐이었다. 바쁘고 중대한 한 주가 될 터였다. 그 와중에 놀랍게도, 또 어쩌면 이상하게도, 정각 아홉 시에 제퍼슨은 온도계를 꺼내더니 기온을 측정했다. 화씨 81½도(섭씨 27.5도)였다.

그처럼 중차대한 순간에 왜 제퍼슨은 날씨를 생각했을까? 미리 생각해두었던 일이 분명했다. 당시의 온도계는 촛대만큼이나 켰으며, 온도계의 유리관은 파손 방지를 위해 무거운 나무 상자로 둘러싸여 있었다. 제퍼슨의 온도계는 신형이었다. 그 주에 의회의사당에서 몇 블록 떨어진 서점인 스파호크네 가게(Sparhawk's)에서 사두었다. 값도 비싸서 3파운드 15실링이었는데, 오늘날로 치자면 몇백 달러짜리였다. 제퍼슨은 장치들을 사 모으길 좋아했고 직접 설계까지 했다고 한다. 이미 필라델피아에서 그는 한 캐비닛 제작자에게 회전의자와 휴대용 필기도구함을 만들어달라고 의뢰했다(그 도구함으로 제퍼슨은 독립선언서를 썼다). 여느 장치 마니아처럼 제퍼슨은 새로운 장치를 즐겨 다루었을 것이다.

온도계는 당시에 무척 귀했는데, 미국에서는 아직 만들지 못했다. 쉬는 시간에 제퍼슨 주변에 몰려와서 온도계를 보고 감탄했을 다른 대표들의 모습이 상상이 된다. 프랭클린은 특히 자세히 살펴보고 싶어 했을 것이다. 뼛속까지 미국인인 존 애덤스라면 그걸 보고 비싸다고 혀를 찼을지도 모른다.

제퍼슨은 7월 1일 오후 7시에 두 번째로 기온을 쟀는데, 섭씨 27.7도였다. 이후 이틀 동안 기온 측정을 세 번 했다. 7월 4일—한눈 팔 시간이 없으리라고 예상되는 날(미국의 독립기념일_옮긴이)—에도 제퍼슨은 짬을 내서 기온을 네 번이나 측정했다. 전해오는 말로는 불편할 정도로 더운 날이었다고 하지만, 제퍼슨의 기록에 의하면 필라델피아의 7월 날씨 기준으로 볼 때 쾌청한 편이었다. 아침 6시에 섭씨 20도, 아침 9시에 22.4도, 오후 1시에

24.4도 그리고 밤 9시에 23도였다.

제퍼슨의 날씨 프로젝트는 국가의 탄생과 함께 시작되어 50년 동안 계속되었다. 1788년 제프슨은 직접 온도계를 설계하기까지 했다. 온도계를 "유리창의 바깥에 설치하는데, 창을 열지 않고도 눈금판이 보이도록 창 옆에 달리게" 만들어 달라고 제작자에게 주문했다. 버지니아에 있는 자신의 영지인 몬티셀로에는 풍향계를 설치했는데, 실내에서도 눈금을 읽을 수 있도록 눈금을 지붕 천장에 부착했다.

1790년에 초대 국무장관을 맡은 제퍼슨은 뉴욕시로 거처를 옮겼는데, 거기서 기상 관측을 더 크게 벌일 방법을 찾기 시작했다. 하지만 두 가지 문제가 있었다. 첫 번째는 흔히 생기는 문제였다. "여기서 마땅한 집을 찾기가 어렵구나"라고 그는 딸에게 보낸 편지에 썼다. 그러나 정작 더 큰 문제는 집을 구하느라고 시간을 허비하는 바람에 뉴욕과 버지니아의 날씨 비교하기가 더 늦어진 것이다. "임대한 새 집에 들어가자마자, 동시 관측을 통해 두 기후를 비교하고 싶네"라고 제퍼슨은 사위 토머스 만 랜돌프(Thomas Mann Randolph)에게 편지로 알렸다. 사위한테서 프로젝트의 도움을 받기를 바라고서 한 말이었다.

그즈음 독일과 프랑스가 공동 기상 관측망을 세우긴 했지만, 제퍼슨이 유럽의 과학 발전 동향을 자세히 살펴서 소식을 접했다는 증거는 없다. 제퍼슨은 기술적인 문제들을 스스로 해결해 나갔다. "내 방법은 하루에 두 번 관측하기인데, 한 번은 아침에 가급적 일찍 또 한 번은 오후 서너 시에 한다네"라고 그는 썼다. "나는 그걸 다음과 같은 형식으로 아이보리색 수첩에 적어 놓은 다음에, 일주일에 한 번씩 베껴 적는다네." 딸의 스물두 살 난 남편이 어리둥절해할 것을 예상하면서도 제퍼슨은 그 일의 목적을 재차 알렸다. "자네에게 이런 걸 알리는 까닭은, 우리의 관측이 두 기후를 완벽하게 비교할 수 있으려면, 동일한 계획에 따라 기록되어야 하기 때문이네."

1797년에 제퍼슨의 날씨 야망은 다시 불붙었다. 프랑스의 철학자이자 정치인인 콘스탄틴 프랑수아 드 샤세보프(Constantin François de Chasseboeuf)에게 보낸 편지에서 그는 신생국 전역에 걸친 광범위한 관측 시스템을 고찰했다. "이 나라를 두루 알게 되면서 저는 각 카운티마다 한 명씩을 정해서 온도계를 줘야겠다고 마음먹었습니다. 1년 동안 매일 두 번씩 해돋이 때와 오후 네 시(24시간 중 가장 추울 때와 가장 따뜻할 때)에 지역의 기온과 바람을 측정하여 연말에 관측 자료를 저에게 알려주도록 말입니다."

제퍼슨은 날씨 예측을 염두에 두진 않았다. 실제 폭풍이 이동하는 속력보다 더 빠르게 자신의 관측 내용을 세상에 알릴 수 있다고 그로서는 예상할 수 없었기 때문이다. (게다가 그는 최초의 전보 실험이 이루어지기 10년 전에 죽었다.) 하지만 제퍼슨은 오늘날까지 이어져온 폭넓은 개념 하나를 착안해냈다. 날씨가 세계를 하나로 연결한다는 개념이었다. 그의 관측은 과학적 프로젝트였을 뿐만 아니라 정치적 프로젝트이기도 했다. 모든 날씨 관측이 그렇다.

온도계를 다루던 제퍼슨의 보좌관들은 그 기기를 통합의 수단으로 사용할 수도 있었다. 날씨 관측이 정치와 과학 그리고 개인과 집단을 결합한다는 것은 제퍼슨의 대표적인 통찰이었다. 우리가 사는 행성은 경계들로 나누어져 있지만 그 행성을 둘러싼 대기는 경계가 없음을 알았던 것이다.

물론 우리도 여전이 같은 일을 하고 있다. 지난 150년 동안 지구의 흐르는 대기와 고정된 정치적 경계들 사이의 긴장을 해소하는 과제는 세계기상기구와 그 전신인 국제기상기구의 날씨 외교관들 몫이었다. 바로 그들에게 존 F. 케네디가 전 지구적인 관측 시스템을 만들어달라고 요청했고, 이후 수십 년 동안 그들은 헌신적으로 시스템을 개발하고 유지해왔다. 하지만 진정한 도전과제—그때나 지금은 물론이고 제퍼슨 당시에도—는 연합체를 계속 지속시키는 일이다. 전 지구적인 날씨 기계는 저절로 작동하지 않는다. 날씨 기계를 계속 작동하게 만드는 것은 무엇일까? 특히 지구 기후의 변화와 새로 대두되는 극단적인 날씨 때문에 지구적 날씨 기계가 대단히 중요한 현시점에서 말이다.

4년마다 날씨 외교관들은 제네바의 한 회의장에 모인다. 이른바 '회의'에 참석하기 위해서다. 길고 다양한 의제들이 거의 한 달 동안 논의된다. 하지만 회의의 정점은 날씨 외교관들의 오랜 염원에 아주 가까운 것이다. 즉 날씨 데이터의 국제적인 교환이다. 1963년 제4차 회의 이후로 날씨 데이터의 국제적 교환은 구체적으로 세계기상감시의 진척을 의미했다. 하지만 191개 국가와 보호령의 대표가 참석한 제17차 회의가 열린 2015년에는 날씨 데이터 교환과 관련해 생긴 숱한 문젯거리로 인해 전 지구적인 데이터 시스템이 위태로운 순간을 맞이했다.

반세기 전에 기상 관측은 모든 방향으로 유용하게 진행되어 전 세계를 감싸는 체계가 마련되었다. 심지어 초기의 위성 데이터—열강들이 독점적으로 생산한 데이터—도 어디에나 배포되었다. 1966년부터 ESSA-2라는 미국 위성은 실시간 사진들을 수신 장치가 있는 나라라면 어디에나 자동으로 전송했다. 이 영상과 더불어 조금 더 전통적인 관측 자료의 체계적 교환을 통해 각국의 기상예보자들이 나라 별로 일기예보를 재빠르게 내놓을 수 있었다. 노력의 목표가 실현된 셈이다.

"우리는 관측을 위한 관측을 하지 않습니다." 호주 기상청의 부청장인 수 배럴(Sue Barrell)의 말이다. "우리의 공동체에 제공하는 기본적인 서비스이기 때문에 하는 겁니다."

하지만 흥미롭게도 날씨 예보, 경보 및 기타 여러 가지 분석과 같은 서비스의 핵심 내용은 개별 국가의 기상예보자의 활동을 통해서가 아니라 전 지구적인 날씨 모형을 통해 얻어진다. 이처럼 주체가 달라졌기에 데이터가 국제적으로 교환되는 방식도 달라졌다. 한때는 데이터 이동의 다이어그램이 거미줄을 닮아서 각각의 장소가 다른 모든 장소와 이어진 반면에, 현재의 데이터 흐름은 국제항공사의 노선도와 비슷해서 몇몇 수도들은 자기들이 수신하는 정보보다 훨씬 많은 정보를 발신한다. 한때는 데이터 교환의 다대다(多對多) 구조였던 것이 지금은 아주 소규모의 클럽처럼 되었다.

예보 능력의 중심이 모형으로 이동하면서, 예보는 더욱 견실해졌다. 기상위성이 제공하는 가장 유용한 데이터는 가장 복잡할 때가 종종 있다. 특히 유럽기상위성국의 메톱 위성들과 같은 극궤도 위성에 탑재된 장치가 생산하는 정량적 데이터는 날씨 모형에 매우 중요한 입력 정보이지만, 자체 모형을 운용하지 않는 소규모의 기상 서비스 센터에게는 쓰임새가 별로 없다. 다른 많은 분야와 마찬가지로 세계는 양분화되고 있고 간격은 커지고 있다.

지난 한 세기 동안 거의 모든 국가는 어떤 형태로든 기상 서비스를 하고 있다. 이 같은 기상 서비스는 세계기상기구의 용어로 하면 국가기상수문서비스(National Meteorological and Hydrological Service)라고 한다. 국제적인 관점에서 볼 때, 국가기상수문서비스의 핵심 과제는 기상 관측을 하고 그 자료를 세계감시기구의 세심하게 조직화된 네트워크를 통해 공유하는 것이다.

하지만 정량적인 위성 데이터의 복잡성과 광범위함으로 인해 국가들 간에 그리고 각국의 기상 서비스 간에 새로운 위계가 생겼다. 전문가와 예산을 투입하여 (설령 자체 위성은 아니더라도) 자체 날씨 모형을 운영하는 대규모 기상 센터를 지닌 나라들이 있는 반면에, 그런 나라들에 의존하는 작은 나라들도 있었다. 인터넷을 통해 일기예보가 빠르고 넓게 그리고 종종 무료로 제공되는 바람에 전 세계의 일기예보가 좁게 구성된 시스템에 점점 더 의존하는 현실이 가려진다. 예전과 달리 기술이 당황스러운 방식으로 이용되는 오늘날의 상황이 그대로 반영된 결과이기도 하다. 웨더컴퍼니가 전 지구를 대상으로 한 자사의 일기예보를 페이스북에 팔고 페이스북이 한 나라의 주요 뉴스 출처인 마당에, 그 나라의 기상 서비스가 달리 어떻게 될 수 있을까?

이처럼 기술의 이용 환경이 달라지는 상황은 관측 네트워크에서도 마찬가지다. 수십 개의 아주 작은 기온 및 기압 측정 센서—스마트폰, 가정용 장치, 건물, 버스 또는 비행기에 장착된 센서—가 지역기본기상관측망의 세밀하게 구성된 극소수의 기상 관측소들과 본격적으로 경쟁할 수 있게 될 가능성이 있다. 아직 기술적 장애물들이 많기는 하지만.

게다가 다음과 같은 중대한 외교적 문제도 하나 있다. 누가 데이터를 소유할 것인가? 정부 소속의 기상청은 150년의 역사를 자랑하며 데이터를 공유하고 기상 서비스를 무료로 제공해왔다. 하지만 관측이 민간 네트워크에 의해 이루어지고 구글, IBM 또는 아마존 같은 거대 회사들에 의해 수집된다면, 그런 공공성은 더 이상 유지될 수 없다. 날씨 기계는 이제는 낡은 국제 협력에 바탕을 두고 있다. 더군다나 국제 협력의 독립적인 부분들 중 다수는 식민지 구조에 바탕을 두었다. 요즘엔 다국적 기술 회사들이 데이터 소유권과 교환의 새로운 구조를 만들려고 한다. 날씨 기계는 새로운 방식으로 네트워크화되고 있는 세계에 어떻게 적응하게 될까?

반드시 적응해야만 한다. 왜냐하면 그 어느 때보다도 일기예보가 필요한 시대이기 때문이다. 세계기상기구 회의가 매번 열릴 때마다 지구의 기후변화의 영향이 더더욱 중요한 의제가 되어갔다. 특히 제17차 회의에서는 이 문제가 새로운 관심과 결의를 갖게 만들었다. 당시 유엔 사무총장 반기문이 (구름이 장식된 연단 위의 화면에 투사된 축하 메시지 영상에서) 말한 것처럼 "전 지구의 온도가 계속 오르고 있으므로, 기상 서비스가 그 어느 때보다도 중요"하다.

극단적인 날씨 변화로 인해 국가들 간의 차이를 평평하게 만들 새로운 노력이 요구되며, 아울러 어떻게 날씨가 우리 모두를 결합시키는가에 관한 전 지구적인 이해 또한 필요하게 되었다.

"기상학계에는 국제협력의 의미가 깊이 각인되어 있는데, 이것은 전 지구를 감싼 대기의 기본 속성에서 연유합니다." 호주 기상청의 전직 청장인 존 질먼이 내게 한 말이다. 이 모든 평화와 사랑과 이해를 떠올리면 마음이 놓이다가도, 지구의 대기가 장래의 대격변의 원천임을 생각하면 다시금 마음이 무거워질 수밖에 없다.

제네바의 외교 구역 심장부에 있는 브루탈리즘(Brutalism. 가공

하지 않은 노출 콘크리트 등을 사용하여 거칠고 야성적인 느낌을 주는 건축 양식_옮긴이) 건물인 컨벤션 센터의 주 회의장은 콘서트홀 크기의 공간으로서, 길게 늘어선 책상들이 정렬되어 있다. 적어도 거기서는 모든 것이 공평하다. 국가의 크기가 어떻든 간에, 각 대표에게는 고동색 가죽이 씌워진 회전의자 네 개가 배정된다. 이 의자들 앞에는 스위스의 정식 헬베티카 폰트로 인쇄된 플라스틱 명패가 놓인다. 프랑스어 알파벳순으로 대표들을 배열하다 보니, 에스토니아(Estonie)와 에티오피아(Ethiopie) 사이에 그리고 이란에서 멀지 않은 위치에 미국(États-Unis)이 생뚱맞게 위치한다. 하나의 공동 목표를 위해 전 세계에서 온 기상학자들을 보고 있자니, 이 지구가 우리의 유일한 살 곳이라는 사실이 뜻밖에도 절실하게 느껴졌다.

회의에 참석한 각국의 대표단은 거의 언제나 각국의 기상청장인 '영구 대표'(permanent representative)가 수장 역할을 맡았다. 이런 관례에서 눈에 띄게 벗어난 예외가 미국이었는데, 심지어 국제 사회에서 발을 뺀 트럼프 시대 훨씬 이전인데도 그랬다. 미국 기상청은 청장이 아닌 부청장을 보냈는데, 이는 기상계 전체를 모욕하는 처사라고 다들 여겼다. 보완책으로 또는 어쩌면 오히려 무례한 짓을 다시 한 번 하려고 미국은 세계기상기구 예산의 20퍼센트를 내고 있다. 이는 미국 다음으로 큰 회원국(일본)의 두 배이자 프랑스와 독일 같은 G7 국가들의 금액의 세 배에 달한다. (위의 비율들은 유엔 전체에 내는 각국의 자금 규모와 나란히 결정된다.)

회의 기간 동안 부유한 나라들은 컨벤션 센터 가장자리를 따라서 자체로 사무실을 임대해 자리를 잡았다. 내가 갔을 때 보니, 영국은 사무실의 복도 창에 영국 국기 유니언잭을 걸어놓고 있었다. 미국은 책상들을 한데 모아서 하나의 큰 책상처럼 만들어 놓았는데, 거기에 포테이토칩과 과자들이 잔뜩 쌓여 있었다. 흰 가운을 입은 사우디 사람과 아랍에미리트 사람 빼고는 모두들 남녀 불문하고 검정색 정장 차림이었다. 하지만 패션은 독창성 부족했으나 인사의 다양성과 열정은 높이 사줄만 했다. 악수와 목례, 두세 번의 입맞춤, 등 두드리기와 동그랗게 내민 입술. 국제적인 공동체의 감각이 상큼하게 느껴졌다.

나는 회의실의 뒷줄에 있는 빈 의자를 찾았다. 내 앞에는 교황청에서 온 대표가 있었는데, '참관인' 자격이었다. 바티칸은 자체 기상청이 없기 때문이다. 그는 노트북 옆에 마우스패드—가장자리 장식이 있는 아주 작은 동양식 헝겊 조각—를 놓아두었다.

회의는 마라톤이었다. 3주간 행사였는데, 한 주에 엿새, 평일에는 아홉 시에서 다섯 시까지 토요일에도 하루 절반 동안 진행되었다. 만약 발언하고 싶은 대표가 있다면, 자기 앞에 놓인 작은 화면에 있는 버튼을 누르면 불빛이 초록색으로 변했다. 통역자들이 제일 위쪽 줄에 있는 유리 부스에 앉아 있었다. 구사하는 언어가 어떤 것이든 간에 모두 통역 헤드폰을 항상 썼는데, 덕분에 회의실 안은 늘 조용했다.

예전에 열린 제네바 회의의 초점이 주로 여러 관측을 어떻게 조율하느냐였다면, 제17차 회의의 많은 대표들은 이 새로운 세계 질서가 작동하도록 만들고 날씨 기계가 잘 돌아가도록 만드는 데 뚜렷한 관심을 보였다. 유엔 자체와 마찬가지로 소속 국가들 간의 연맹 및 각국의 원하는 바는 지리적인 근접성보다는 경제적인 독립성에 더 바탕을 두었다.

작은 나라들, 특히 새로 등장한 극단적 기후에 직면한 나라들은 크고 부유한 나라들의 날씨 모형과 위성이 더더욱 절실했다. 마다가스카르의 기상청장은 자국에 닥친 '자연의 대격변'을 다음과 같이 선명하게 묘사했다. "사이클론과 가뭄에도 불구하고, '국제 공동체의 소중한 지원을 받은' 우리 정부는 노력을 아끼지 않고 있습니다." 그가 프랑스어로 힘주어 말했다. "일반적으로 인명 손실, 광범위한 경작지 침수 및 기반시설 손상이 벌어지는 상황 하에서 국민들이 느끼는 고난과 고통을 줄이기 위해서 말입니다."

아프리카 서쪽 끝의 섬나라 카보베르데의 환경부 장관은 당일이 아프리카의 날임을 언급하면서 "개발도상국인 작은 섬나라"에 "더 집중적인 관심"을 쏟아달라고 요청했다. 일부 대표들은 회의를 자연스럽게 진행했지만, 다른 대표들은 확연히 떨리는 손으로 통역 장치의 버튼을 누르느라 애쓰는 모습이었다. 나마비아 대표는 특별한 목적을 위해 시간을 썼다. "이번이 나마비아가 처음 참석하는 자리인지라, 우리를 따뜻하게 맞아준 스위스에 감사를 표할 수 있도록 해주시기 바랍니다."

하루는 점심식사를 하기 전에 세계기상기구 사무국—회의의 결정 사항을 시행하는 제네바의 기관—의 한 직원이 이탈리아 우주비행사 사만타 크리스토포레티(Samantha Cristoforetti)가 우리에게 보낸 트윗 메시지를 읽어주었다. 사만타는 당시 국제우주정거장에서 지구 궤도를 돌고 있던 중이었다. "우리의 대기는 매혹적이고 강력하기에, 그걸 이해한다는 것은 대단한 과제입니다." 대답으로, 검은색 정장 차림에 통역 헤드폰을 낀 우리 모두는 큰 무대 위의 자그만 카메라를 향해 손을 흔들었고, 카메라에 찍힌 우리들의 사진은 곧장 트윗에 올라가서 우주로까지 전해졌다. 처음에는 한심한 SNS 행사라고 느껴지던 것이 이제는 가슴 벅차게 다가왔다. 우주에서 지구를 둘러보는 과학자와 직접 연결되는 그 순간은 또한 날씨 기계의 근본적인 원리에 닿는 순간이기도 했다.

날씨 외교는 세상에 잘 드러나지 않지만, 외교의 사회적 혜택만큼은 지구상의 모든 나라에서 확연히 실감된다. 기상 서비스는 자연재해가 인간에게 가하는 충격을 줄이며, 교통을 더 안전하고 경제적이도록 만들며, 천연자원의 사용을 지속가능하게 해준다.

세계기상기구 추산에 따르면 기상 서비스의 경제적 가치는 연간 1천억 달러를 넘는 데 반해, 서비스를 제공하는 데 드는 비용은 10분의 1에 불과하다. 호주 기상청장 질먼의 표현대로, 기상 서비스는 "과학을 포함해 모든 분야에서 공동의 선을 위해 지속적인 전 지구적 협력을 꾀하고자 이제껏 고안된 것 중에서 가장 성공적인 국제적 시스템"이다.

제네바 컨벤션센터에 모인 사람들 모두는 "세계에서 가장 널리 사용되고 높은 가치를 갖는 공공선 중 하나"—잘 알려지진 않았지만, 반박하기는 힘든 문구—를 대변했다. 기상학자들, 과학자들, 장관들, 관료들과 이들의 조력자들—지구상의 거의 모든 국가에서 온 대표들—은 그 시스템을 지속시키는 데 한 마음 한 뜻이었다. 하지만 트윗 내용, 의례 및 신사적인 논의도 시스템이 직면한 문제를 가릴 수는 없었다.

회의는 이미 20년 전에 기상 데이터 흐름의 변화 양상에 어떻게 대처해야 할지 고심했다. 특히 정부 기상 서비스의 민간 이전이 유행했던 1990년대에는 일부 기상청이 한 세기 이상 무료로 공유했던 기상 데이터의 판매가 추진되었다. 치열한 토론을 벌인 후, 세계기상기구의 회원국들은 '결의안 40'이라고 알려진 내용의 초안을 작성했다. 이 기본적인 합의안에 의하면 회원국들은 "필수 데이터"를 "무료로 무제한적인 기반"에서 제공해야 했다. 소련의 붕괴 이후 전 지구적 동맹 관계가 재정비되던 십여 년의 시기에, '결의안 40'은 "관측 네트워크 구축의 전 세계적 협력"을 세계기상기구 회원국의 근본적인 의무로 재확인한 사건이었다.

하지만 그 이후로는 '필수'를 구성했던 것이 날씨가 관측되는 상이한 방식과 더불어 진화했다. "오픈 데이터 정책과 그것이 세계기상기구 이해관계자들에게 미치는 영향"이라는 의제가 회의 회기 동안 논의에 올랐다. 논의 주제는 다음 세 가지로서 서로 관련된 문제였다. 오픈 데이터, 빅 데이터 그리고 크라우드소싱. 아주 작은 센서에서 얻은 방대한 분량의 새로운 관측 자료들을 거대 기술회사들이 수집한다는 전망은 매우 위협적이었다.

회의 참석자들 중에서 기술 측면에 관심이 큰 이들은 품질을 우려했다. 전통적으로 세계기상기구는 일관성과 정확성을 유지하기 위해 관측 자료의 높은 기준을 요구했다. 바람에 관한 측정은 특정 높이에서 실시되어야 했고, 온도계는 특정한 방식으로 설치되어야 했으며, 관측소는 극단적인 햇빛이나 바람을 피할 수 있는 적절한 장소에 세워야 했다. 만약 글로벌관측시스템이 민간 기업들이 크라우드소싱으로 얻는 데이터를 전면적으로 받아들이려면, 데이터를 관리하고 공유할 방법을 찾기 위해 새로운 정책을 세워야 할 터였다.

필연적으로 기존의 글로벌관측시스템—거대하게 조직화되어 있고 주도면밀하게 연결되어 있으며 국제적으로 공유되며 주로 정부가 운영하는 체계적인 시스템—은 수십 억 개의 새로운 센서들, 민간에서 운영하는 위성들 그리고 구글 규모의 데이터 수집 능력이 갖추어진 세계에서 위협을 받게 될 터였다.

역설적이게도 기존 위성 시스템의 고비용과 복잡성이 위협을 어느 정도 낮추었다. 인공위성 데이터가 날씨 보험에 중심적 역할을 했기 때문이다. 위성 및 위성에 탑재된 관측 장치는 매우 복잡하기에 그것들을 바꾸려면 서서히 주도면밀하게 바꾸어야 한다. 따라서 어떤 새로운 변화도 너무 급작스레 벌어지긴 어려웠다. 그렇기는 해도, 이 새로운 유형의 크라우드소싱으로 얻는 민간 데이터를 어떻게 다룰지를 놓고 세계기상기구가 느낀 긴장은 기상학 바깥에서 일어나고 있는 광범위한 기술적 변화를 근본적으로 드러내주었다.

오픈 데이터를 추구하고 전 지구적인 관점에서 태어났으며 국가가 세운 조직이 어떻게 정보의 기본 사용 모드가 민간 플랫폼 상에서 민간 네트워크를 통해 이루어지는 세계에서 작동할 수 있을까? 지난 10년간 다른 많은 분야와 마찬가지로, 기술적 변화는 세계기상기구의 기본 헌장 및 그것이 반영하는 세계 질서에 근본적으로 반한다.

세계기상기구 총장인 데이비드 그라임스(David Grimes)를 사로잡은 것은 바로 이런 의문이었다. 세계기상기구는 리더가 두 명이다. 제네바의 세계기상기구 사무국을 관리하는 사무총장은 급여를 받는 상근직으로, 회의의 정책을 실행하는 업무를 총괄한다. 반면에 그라임스는 공식 직책이 캐나다 기상청장이지만, 또 한편으로 세계기상기구의 회장으로서 사실상 회의 진행을 이끌었다. 그가 회의실에서 벌어진 논의를 주재하는 모습은 감동적이었다. "대사님, 신사숙녀 여러분 그리고 동료 여러분." 그라임스는 가끔씩 단풍나무 회의봉을 두드리며 그렇게 부르곤 했다.

회의실에서 의견 다툼이나 불만이 있더라도, 그라임스는 그걸 직접 언급하지 않고, 대신에 인내심 많은 교사처럼 자기 앞의 통역 콘솔을 이용해 순서상의 그 다음 국가로 옮겨간다. "그게 괜찮나요?" 그는 상반된 의견을 묻기도 한다. "수긍할 만한가요? 좋습니다."

가끔씩은 회의 진행을 미루기도 한다. 다음 주제로 넘어가야 할지 다툴 현안이 남았는지 알아보기 위해서다. "이 내용을 결의안에 넣는 게 적절할지 모르겠습니다." 구체성이 약한 사안에 대해서는 슬며시 답을 재촉하기도 한다. 한번은 이렇게 말했다. "'그것이라면 또는 그것이 아니라면'이 아닙니다. '그것이 여기에 속하느냐 저기에 속하느냐?'의 문제입니다." 외교란 미묘한 것이었다. 두 시간마다 그라임스는 참석자들한테 '일곱 번의 스트레칭'을 하도록 이끌었다. 야구 경기에서 관중들에게 스트레칭을 시키는 관행에서 따온 이 제안은 늘 웃음을 자아냈다.

휴식 시긴에 나는 컨벤션센터 내의 한 사무실에서 그와 함께 앉았다. 회기 동안 그가 차지해서 마음껏 사용하던 사무실이었다. 그라임스는 기존의 데이터 사용 방식을 유지해야 한다고 역설했다. 그러고는 말을 덧붙였다. "기술이 너무 빠르게 발전하는지라, 이에 대처할 만한 시스템을 갖추지 못했습니다." 하지만 그의 말에는 큰 기대를 품은 '아직은'이라는 말이 내포되어 있었다.

초창기에 세계기상기구의 사명은 지구의 특정 장소들에서 얻은 관측 자료들의 통합이 주였다. 첫 번째 위성이 발사된 이후로 데이터는 여러 주권 영토들에게서 보내오는 것만이 아니라 특정 국가—부유한 국가—의 도구를 이용해서 지구를 위에서 내려다보는 사진도 포함되었다. 더 놀랍게도 위성 데이터가 진화하여 정량적인 데이터까지 포함되었고, 이 데이터를 유용하게 활용하기 위해 전 지구적인 날씨 모형이 필요해졌다.

"가령 수증기, 수분함량, 오존 그리고 여러 가지 다른 것들에 관해 무언가를 알아냈다고 합시다." 그라임스가 사례를 들어 말했다. 그 값들은 현 세대의 도구를 이용해—전 지구적인 규모로—수집되었지만 유용성은 상당히 제한적이었다. 또한 매우 높은 수준의 계산적 분석에 의존했다. "현실적으로 작은 규모의 기상청에서는 이런 정보들을 통합시킬 방법이 없습니다." 그라임스가 말했다. "하지만 모형 운영 센터라면 가능한 일이지요." 오늘날 기상 데이터의 복잡성은 혀를 내두를 정도다. 이런 상황에서 세계기상기구는 데이터와 모형 운영의 다음 시대로 어떻게 진화할까?

"어떤 위험과 기회가 있을까요? 그리고 앞으로 나아갈 길은 무엇일까요?" 그라임스가 물었다. 이런 새로운 유형의 데이터를 놓고서 진행된 회의 중 한 회기에서 그는 실무 위원회에게 그 질문을 폭넓게 생각해보라고—데이터의 신기원을 위해 다음 세대의 국제적 교류를 잠재적으로 다시 정의하기라는—과제를 던졌다.

"제가 요청한 것은 누군가 빅 데이터에 관해 쓴 글을 구글 검색으로 찾아서 내놓지는 말라는 것입니다." 그가 말했다. "그런 건 쓸모가 없겠지요." 시스템을 재정의하기 위한 공동의 노력이 있어야 했다. 기술적 노력만큼이나 외교적 노력도 필요했다. 그리 대단치 않은 야망 같았지만, 그의 요점은 함께 하자는 것이었다. 외교적 과정은 회의를 거듭하며 결의안을 꾸준히 내놓으면서 천천히 진행될 수 있었다.

"하지만 서로에게 한 걸음씩 다가갈 때 모두가 편하게 느끼도록 해야 합니다." 그가 말했다. "모두가 이긴다는 느낌이 들도록 만들어야 하지요."

그날 저녁 우리는 모두 이기고 있었다. 외교는 파티—즉, "환영 만찬"—를 의미했다. 가장 큰 파티는 사무총장 후보를 낸 국가들이 주최했다. 핀란드 기상청장 페테리 탈라스(Petteri Taalas)가 유력한 후보였고, 맞수는 남아프리카공화국 출신의 현재 부 사무총장 제레미아 렝고아사(Jeremiah Lengoasa)였다. 과거 아파르트헤이트 시기 동안 세계기상기구 회원국 자격이 정지되었던 남아프리카공화국이었건만, 이제는 컨벤션센터의 오찬에서 그 나라 대표는 렝고아사의 경험 그리고 그의 선출이 나라에 어떤 의미인지를 알렸다. 그의 표현대로 "소웨토(Soweto. 남아프리카공화국의 흑인 거주 지역_옮긴이)의 더러운 거리에서" 자란 사람이 세계기상기구 사무총장에 입후보했다는 사실이 깊은 울림을 전해주었다. 하지만 사람들의 웅성거리는 말에 의하면 렝고아사는 당선 가능성이 낮았다.

마치 대세는 기울었음을 확인이라도 하듯, 탈라스 후보를 낸 핀란드인들은 제네바 호수에서 저녁 만찬을 겸한 뱃놀이를 할 요트를 마련하여 모두를 초대했다. 참가자들이 늘어선 줄이 부두까지 이어졌고, 탈라스는 석양을 향한 자세로 요트에 오르는 사람들과 일일이 악수를 나눴다. 외교 활동에 여념이 없는 날씨 공동체가 아닐 수 없었다. 다들 유쾌하게 떠들면서, 성대한 만찬용의 널찍한 접시 위에 놓인 미트볼과 감자 요리를 먹었다.

날씨 기계를 파악하기 위해 나섰을 때 내가 예상했던 장면은 딱히 아니었지만, 어느 정도 수긍할 만했다. 이 전 지구적인 시스템은 다른 여느 시스템과 마찬가지로 창조자들이 머릿속에서 그려낸 대로 만들어졌다. 이 시스템은 국제 질서의 산물이며, 회의의 의례들은 지난 삼 세대 동안 그랬듯이 데이터 교환의 현 상태를 유지하기 위함이다. 좁은 관점에 보자면, 장기 기상예보에는 광범위한 관측 자료 수집이 요구된다.

나흘 후의 기상예보를 하려면 사반구의 관측이 없이는 불가능하다. 작은 나라—또는 심지어 위성을 운영하는 큰 나라—의 경우, 전 지구적 관측 시스템에 기여하면 어떤 이익을 얻을지에 우선 관심이 간다. 그 점이 전체적인 노력에 매우 중요하다.

자기 나라 국경 내의 날씨만 살펴서는 안 된다. 어쩌면 그렇게 할 수도 있지만 큰 실익이 없다. 왜냐하면 지평선 너머의—아울러 공간뿐 아니라 시간에 걸친—날씨야말로 값진 선물이기 때문이다. 날씨 기계는 전 지구적인 시스템이어야지, 다른 방식으로 작동하진 않을 것이다. 핵심은 국가들이 자국을 위해 하는 일과 국경선을 대체하는 시스템에 기여하는 일 사이의 균형이다. 많은 나라들은 결국 한 행성 위에 있다.

그런데 기술의 새 바람이 우리에게 불어 닥치고 있다. 가장 중요한 기상 관측 자료들은 위성을 운영하는 소수의 국가들에 의해 점점 더 많이 수집되고 있다. 아울러 가장 중요한 예보들 역시 날씨 모형을 운영하는 소수의 국가들에 의해 생산되고 있다.

국가들끼리 데이터를 교환하는 현재 시스템이 얼마나 오래 지속될 수 있을까? 이 시스템이 얼마나 빠르게 글로벌 기술 회사들—그 자체로서 종종 국가처럼 작동하는 회사들—에 의해 대체될 수 있을까?

날씨 기계는 국제협력의 최후의 보루이다. 그리고 영리 활동, 광고, 편견 또는 거짓에 의해 더럽혀지지 않은 소식을 제공한다. 전 세계를 통틀어 경이로운 기술들 중 하나이기도 하다. 국제질서를 무너뜨릴 정도는 아니더라도 위협을 가하긴 하는 폭풍, 가뭄 및 홍수로 지구가 만신창이가 되어가는 시대의 초입에 들어선 지금, 날씨 기계의 존재는 꽤 위안을 준다.

일주일 후 탈라스가 사무총장 선거에서 이겨 세계기상기구 사무국을 관리하게 되었다. 그라임스는 회장직에 유임되었다. 또 그렇게 날씨 외교의 배는 순항을 이어갔다.

감사의 말

이 책은 대단히 훌륭한 주변 분들한테서 은혜를 입었다. 열정적이고 참을성 있는 여러 출판사, 배려심 많은 에이전트 그리고 가족에게서도 줄곧 도움을 받았다. 글을 쓸 시간과 공간이라는 특별한 혜택을 누린 점에 감사드리고, 그와 같은 믿음과 기회를 준 것에 이 책이 보답이 될 수 있기를 바란다. 에코 출판사의 대니얼 핼펀, 미리엄 파커, 도미니크 리어, 에마 재너스키, 데니스 오스왈드 및 힐러리 레드먼은 나의 등대지기로서, 이 프로젝트를 출발시켰고 완성까지 환히 비춰주었다. 거의 십 년 동안 나의 저술과 사고는 런던에 있는 보들리 헤드 출판사의 윌 해먼드의 섬세하면서도 정확한 제안에 힘입었다. 하퍼콜린스 출판사 토론토 지사의 짐 기퍼드 그리고 펭귄 출판사 뮌헨 지사의 줄리아 호프만의 꾸준한 뒷받침에 감사드린다. 에이전트 조이 파그나멘타는 적재적시에 일을 해내는 비범한 재주를 지녔으며, 앨리슨 루이스 또한 정확하고 지칠 줄 모른다. 이웃인 구름 과학자 로버트 핀커스는 없어서는 안 될 선생이자 멘토로서, 많은 새로운 문들을 알려주고 열어주었다. 부모님 다이앤 블룸과 론 블룸은 책에 관해서 언제 질문을 하고 언제 질문을 하면 안 되는지에 관해 강의를 열 수 있으실 정도이시다. 퓌브와 미카의 책과 독서에 대한 열정은 내가 책을 쓰는 이유를 일깨우는 데 최고의 자극제이다. 마지막으로 이 책은 다비나의 명석한 사고와 애정이 없었다면 세상에 나오지 못했을 것이다.

미주

프롤로그

9쪽. 의사와 간호사들이 … 아기 스물한 명을 옮겼다: Michael Espiritu, Uday Patil, Hannaise Cruz, Arpit Gupta, Heideh Matterson, Yang Kim, Martha Caprio, and Pradeep Mally, "Evacuation of a Neonatal Intensive Care Unit in a Disaster: Lessons from Hurricane Sandy," *Pediatrics* 134.6 (2014). http://pediatrics.aappublications.org/content/134/6/e1662.

9쪽. 미국 전역에 걸쳐: National Oceanic and Atmospheric Administration (NOAA), "Service Assessment: Hurricane/Post-Tropical Cyclone Sandy, October 22–29, 2012," U.S. Department of Commerce, National Oceanic and Atmospheric Administration, National Weather Service (May 2013), https://www.weather.gov/media/publications/assessments/Sandy13.pdf.

12쪽. 오늘날 6일 후까지 내다보는 예보: P. Bauer, A. Thorpe, and G. Brunet, "The quiet revolution of numerical weather prediction," *Nature*. 525.7567 (2015): 47–55, https://doi.org/10.1038/nature14956.

1장: 날씨를 계산하기

미국 기상학의 역사에 관해 관심이 있는 사람이라면 누구라도 콜비 대학의 제임스 로저 플레밍(James Rodger Fleming)의 종합적인 연구에 감탄하게 될 것이다. 19세기 미국 기상학에 관한 그의 기념비적인 연구와 더불어 빌헬름 비에르크네스와 해리 웩슬러(4장에서 주요하게 등장하는 인물)에 관한 근래의 연구에 큰 은혜를 입었다. 오슬로에서 기상청의 안톤 엘리아센, 윙베 닐센(Yngve Nilsen) 및 가브리엘 킬란이 내 모든 질문에 너그럽고 즐거이 답해주었다. 이들과의 만남을 주선해준 헤이디 리페스타(Heidi Lippestad)에게 감사드린다. 오슬로건축 디자인학교의 에이나르 스네베 마르티누센(Einar Sneve Martinussen)과 요른 크누센(Jorn Knutsen)은 도시의 기상 관측소를 둘러볼 때 정성껏 도움을 주었고 식견도 높았다. 정말 다행스럽게도 로버트 마크 프리드먼이 쓴 훌륭한 비에르크네스 전기 『날씨를 자기 것으로 만들기

(Appropriating the Weather)』란 책이 있었고, 그 작가가 나의 기상 탐구를 친히 격려해주기까지 했다. 아울러 유럽중기기상예보센터의 에이드리언 사이먼스와 앨런 소프보다 순환 이론과 기본 방정식을 더 전문적으로 (또는 참을성 있게) 내게 가르쳐준 이를 떠올리기는 어렵다. 그 지식을 잘못 이해한 부분이 있다면 전적으로 나의 잘못이다.

22쪽. 비만 오면 제대로 작동이 되지 않았다: James R. Fleming, *Meteorology in America, 1800–1870* (Baltimore: Johns Hopkins University Press, 1990), 143.

22쪽. "세인트루이스로 향하는 전신선이": *Ibid.*

22쪽. "대단히 정확해서 감탄을": *Ibid.*

22쪽. "우리는 사실상 지구의 크기가 줄어들었다고 여길 정도인지라": James Gleick, *The Information: A History, a Theory, a Flood* (New York: Vintage Books, 2012), 148.

23쪽. "각 지역의 놀라운 상태들의": *Ibid.*, 147.

23쪽. "체계적이고 동시적인 관측을 위한 완벽한 시스템": John Ruskin, "Remarks on the Present State of Meteorological Science," from *Transactions of the Meteorological Society* (1839), 56–59, as quoted in Paul N. Edwards, "Meteorology as Infrastructural Globalism," *Osiris* 21 (2006): 229–50, https://doi.org/10.1086/507143.

24쪽. "기후 과학에서 기상 서비스로": Fleming, *Meteorology in America*, 141.

24쪽. 포커 칩 크기의 종이 원반: *Ibid.*, 143.

25쪽. "이 지도는 방문객들에게 … 중요하다.": Mark Monmonier, *Air Apparent: How Meteorologists Learned to Map, Predict, and Dramatize Weather* (Chicago: Univ. of Chicago Press, 1999), 41.

25쪽. "전국 각지에서 … 상징이었다.": Lee Sandlin, *Storm Kings: The Untold History of America's First Tornado Chasers* (New York: Pantheon Books, 2013), 77.

26쪽. "우중충하게 흐린 아침에 … 시야도 막혔다.": as quoted in Peter Moore, *The Weather Experiment: The Pioneers Who Sought to See the Future* (New York: Farrar, Straus and Giroux, 2015), 236.

27쪽. 피츠로이가 새로 설립한 기상국은 열다섯 군데의 전신국을 거느렸다: Monmonier, *Air Apparent*, 45.

27쪽. 1864년 국제측지학회는 … 착수했다: Paul N. Edwards, *A Vast Machine: Computer Models, Climate Data, and the Politics of Global Warming* (Cambridge,

MA: MIT Press, 2010), 50.

27쪽. 1873년 빈에서 개최되었다: *Ibid.*, 51.

28쪽. "섬이라든가 지표면의 … 관측은": Edwards, "Meteorology as Infrastructural Globalism," 232.

28쪽. 사각형 구역마다 두 개의 관측소가 있어야 한다: *Ibid.*

28쪽. '우량계의 가장 좋은 형태와 … 하는가?': *Symons's Monthly Meteorological Magazine*, April 1873 (London: Edward Stanford).

29쪽. "현재 날씨의 요소들을 전보로 보낸다.": Lewis F. Richardson, *Weather Prediction by Numerical Process* (Cambridge: Cambridge Univ. Press, 1922), vii.

29쪽. "기상학은 한 세기 동안 … 듬뿍 받았다.": Cleveland Abbe "The Needs of Meteorology" *Science* 1.7 (1895): 181–82.

30쪽. 가장 유명한 초상화: 1983 painting by Rolf Groven on view at the Geophysical Institute in Bergen, https://bjerknes.uib.no/en/article/news/pioneers-modern-meteorology-and-climate-research.

31쪽. 부자는 국제전기박람회를 구경하러 파리에 갔다: Robert M. Friedman, *Appropriating the Weather: Vilhelm Bjerknes and the Construction of Modern Meteorology* (Ithaca: Cornell Univ. Press, 1989), 12.

31쪽. 경이로운 기술들로 가득했다: K. G. Beauchamp, *Exhibiting Electricity* (London: Institution of Engineering and Technology, 1997), 163.

32쪽. "긴 팔 모양의 … 진동하는 구(求)가 두 개 올려져": *Popular Science Monthly* 21 (Popular Science Pub. Co., etc., 1882): 253–57.

33쪽. "사람들이 보려고 자꾸 몰려오는 바람에 … 없었다.": James R. Fleming, *Inventing Atmospheric Science: Bjerknes, Rosby, Wexler, and the Foundations of Modern Meteorology* (Cambridge, MA: MIT Press, 2016), 15.

33쪽. 그는 파리로 돌아가서: *Ibid.*, 17.

33쪽. "원래 예상했듯이 맥주를 곁들여 … 혼자서 지냈다.": Friedman, *Appropriating the Weather*, 14.

34쪽. "선전"해준 것이 전부였다: *Ibid.*, 22.

34쪽. 서른여섯 마리의 비둘기: Alec Wilkinson, *The Ice Balloon: S.A. Andree and the Heroic Age of Arctic Exploration* (New York: Vintage Books, 2013), 91.

35쪽. 사만 명이 기차역에 운집해서: *Ibid.*, 12.

35쪽. '순환'의 개념: Alan J. Thorpe, Hans Volkert, and Michał J. Ziemiański, "The Bjerknes' Circulation Theorem: A Historical Perspective," *Bulletin of the American Meteorological Society* 84.4 (2003): 471–80; Friedman, *Appropriating the Weather*, chapter 2, "The Turn to Atmospheric Science"; Fleming, *Inventing Atmospheric Science*, 18–21.

36쪽. 둘은 함께 머리를 맞댔다: Friedman, *Appropriating the Weather*, 37.

37쪽. 아베의 도움에 힘입어 비에르크네스는: *Ibid.*, 38.

38쪽. "저는 대기와 해양의 미래 상태를 … 원하기 때문입니다.": Quoted in Friedman, *Appropriating the Weather*, 55.

38쪽. "관측 기상학의 주요 과제": Vilhelm Bjerknes, "The Problem of Weather Prediction, Considered from the Viewpoints of Mechanics and Physics," *Meteorologische Zeitschrift* 18.6 (2009): 663–67, translated from German and edited by Esther Volken and Stefan Bronnimann.

39쪽. 관측을 통해 알아내야 하는 일곱 가지 변수: Peter Lynch, "The Origins of Computer Weather Prediction and Climate Modeling," *Journal of Computational Physics* 227.7 (2008): 3,431–444.

41쪽. 라이프치히 대학에서 행한 강연: Vilhelm Bjerknes, "Meteorology as an Exact Science," *Monthly Weather Review* 42 (1914): 11–14.

2장: 예보 공장

루이스 프라이 리처드슨은 기상학 분야의 여러 인물들 가운데 매우 다채로운 이력의 소유자인데, 아쉽게도 올리버 애시포드의 자세한 전기는 찾기가 무척 어렵다. 비에르크네스가 베르겐에서 지내던 시절에 대한 내용은 거기서 내가 구나르 엘링센(Gunnar Ellingsen)과 마그누스 볼세트(Magnus Vollset)와 하루를 보낸 덕분에 더 좋아졌다. 둘은 노르웨이의 기상학 역사 연구를 잠시 접고서 내게 베르슬링가 포 베스틀란데의 지도들을 보여주었다.

43쪽. 비에르크네스는 편지 한 통을 받았다: The letter is quoted in John D. Cox, *Storm Watchers: The Turbulent History of Weather Prediction from Franklin's Kite to El Nino* (New York: John Wiley, 2002), 158.

44쪽. "의도적으로 안내된 꿈꾸기": Quoted in George Dyson, *Turing's Cathedral: The Origins of the Digital Universe* (2013), 156.

45쪽. SF 느낌이 나는 가상의: Oliver M. Ashford, *Prophet — or Professor?: The Life and Work of Lewis Fry Richardson* (Bristol: Hilger, 1985), 33.

45쪽. 늪지에 대한 최상의 배치 계획: J. C. R. Hunt, "Lewis Fry Richardson and His Contributions to Mathematics, Meteorology, and Models of Conflict," *Annual Review of Fluid Mechanics* 30 (1998).

46쪽. 자금을 횡령하여 프랑스로 도망치는 사건: E. Gold, "Lewis Fry Richardson, 1881 – 1953," Obituary Notices of Fellows of the Royal Society 9.1 (1954): 217 – 35.

47쪽. 핼리혜성의 통과: Peter Lynch, *The Emergence of Numerical Weather Prediction: Richardson's Dream* (Cambridge: Cambridge Univ. Press, 2006), 106.

48쪽. "건초 더미가 깔린 차가운 임시 숙소": Richardson, *Weather Prediction by Numerical Process*, 219.

48쪽. "포탄 구멍 사이를 잘도 빠져나가는 … 운전자": Ashford, *Prophet — or Professor?*, 159.

51쪽. 화학무기의 확산: Fleming, *Inventing Atmospheric Science*, 39.

52쪽. 노르웨이에는 전보 시스템에 연결된 기상 관측소가 아홉 군데뿐이었고: Friedman, *Appropriating the Weather*, 121.

52쪽. 당시의 사진: See Friedman, *Appropriating the Weather*, 154; 또한 다음 참조. https://www.uib.no/gfi/56744/bergensskolen-i-meteorologi.

54쪽. 노르망디 연합 상륙 작전을 위한 날씨 예측에도 사용되었는데: Sverre Petterssen and James R. Fleming, *Weathering the Storm: Sverre Petterssen, the D-Day Forecast, and the Rise of Modern Meteorology* (Boston: American Meteorological Society, 2001), 209.

54쪽. "낡고 안타까울 정도로 구식인": *Ibid.*, 29.

55쪽. "내가 제대로 된 … 금세 발견해냈다.": Quoted in Fleming, *Inventing Atmospheric Science*, 74.

55쪽. "역설적이게도": Frederik Nebeker, *Calculating the Weather: Meteorology in the 20th Century* (San Diego, CA: Academic Press, 1995), 57.

3장: 지상의 날씨

세계기상기구의 온라인 자료들은 훌륭하다. 전체 관측 시스템을 살펴보기는

OSCAR라는 도구를 통해 가능한데, 나는 이번 장을 쓰기 위해 OSCAR를 이용해 상당한 시간 동안 자료를 찾았다. 호주 기상청장 존 질먼과 브루클린에 사는 존 헌팅턴의 안내에 특히 감사드린다. 라과르디아 공항의 기상 관측자 폴 소어의 배려 덕분에 나는 그의 임무를 따라다니며 볼 수 있었고, FAA의 짐 피터스(Jim Peters)는 내 방문을 기꺼이 준비해주었다. 우트시라에 갔을 때 특별히 다음 분들이 반겨주셨다. 아틀레 그림스비(Atle Grimsby)와 아른스테인 에크(Arnstein Eek) 덕분에 나는 아주 짧은 "예술가 레지던시" 기회를 얻었고, 안네 마르테 뒤비(Anne Marthe Dyvi)는 자신이 생생하게 체험한 섬의 면모를 내게 알려주었다. 그리고 물론 한스 판 캄펜의 배려 덕분에 나는 어느 오후에 지구 외딴 곳의 전문 기상 관측자가 활동하는 모습을 볼 수 있었다.

67쪽. 노르웨이 지도: Friedman, *Appropriating the Weather*, 122.

73쪽. '정서적으로 매우 친숙한': Charlie Connelly, *Attention All Shipping: A Journey Round the Shipping Forecast* (London: Abacus, 2005).

4장: 내려다보기

해리 웩슬러는 알려지지 않은 이야기를 알고 있는 또 한 명의 매력적인 기상학자다. 또한, 다행스럽게도 나는 제임스 로저 플레밍의 저작에서 다시 한 번 도움을 받았다. 바로 그의 삼부작 전기 『대기과학의 발명(Inventing Atmospheric Science)』이다. 폴 에드워즈의 '광대한 기계'에 관한 주제들이 내 책 전체에도 가득 스며 있지만, 이번 장에서는 직접적으로 반영되었다. 기상 기반시설에 관한 에드워즈의 전 지구적 관점은 나의 여정을 안내한 핵심적인 통찰이었다.

83쪽. 관측 선박들: Shirlee Smith Matheson, *Amazing Flights and Flyers* (Calgary: Frontenac House, 2010), 65.

84쪽. 지역민들이 없을 만큼 충분히 북쪽인: Alec Douglas, "The Nazi Weather Station in Labrador," *Canadian Geographic* (Dec. 1981/Jan. 1982).

87쪽. 하지만 로켓은 뒤를 돌아보며: Clyde T. Holliday, "Seeing the Earth from 80 Miles Up," *National Geographic* (October 1950).

88쪽. "기상 예보자들이 아마도 … 있도록": Quoted in Angelina Long Callahan, "Satellite Meteorology in the Cold War Era: Scientific Coalitions and International Leadership 1946–1964" (PhD diss., Georgia Institute of Technology, 2013), 78.

89쪽. "카메라가 부착된 유도 미사일들을 … 정확해질 수 있다.": Holiday, "Seeing the Earth from 80 Miles Up."

89쪽. 1951년의 일급비밀 보고서: Stanley Greenfield and William Kellogg, "Inquiry into the Feasibility of Weather Reconnaissance from a Satellite Vehicle," RAND Report R-218 (April 1951).

90쪽. "로켓 사진만에 의한 기상도 분석에 … 것이다.": Jack Bjerknes, "Detailed Analysis of Synoptic Weather as Observed from Photographs Taken on Two Rocket Flights over White Sands, New Mexico, July 26, 1948," appendix to "Inquiry into the Feasibility of Weather Reconnaissance from a Satellite Vehicle," RAND Report R-218 (April 1951).

90쪽. 기상청에 들어온 후: Fleming, *Inventing Atmospheric Science*, 136.

91쪽. 최초의 핵폭발 실험인 트리니티 실험에도 참여했는데: James R. Fleming, "Polar and Global Meteorology in the Career of Harry Wexler, 1933–62," in *Globalizing Polar Science: Reconsidering the International Polar and Geophysical Years*, edited by R. D. Launius, J. R. Fleming and D. H. DeVorkin (New York: Palgrave, 2010).

91쪽. 기상학은, 그의 표현대로, 두 가지 "렌즈"에 국한되어: Harry Wexler, "Structure of Hurricanes as Determined by Radar," *Annals of the New York Academy of Sciences* 48 (1947): 821–24, https://doi.org/10.1111/j.1749-6632.1947.tb38495.x, as quoted in Fleming, *Inventing Atmospheric Science*.

92쪽. 《라이프》는 사진을: "A 100 Mile High Portrait of Earth," *Life*, September 5, 1955.

93쪽. "멕시코 국경을 따라 얻을 수 … 짐작조차 못 했다.": Harry Wexler, "The Satellite and Meteorology," *Journal of Astronautics* 4 (Spring 1957).

93쪽. 자기가 의뢰한 그림: James R. Fleming, "A 1954 Color Painting of Weather Systems as Viewed from a Future Satellite," *Bulletin of the American Meteorological Society* 88 (2007).

93쪽. "인공위성은 인간이 고안한 … 들릴지 모른다.": Wexler, "The Satellite and Meteorology."

94쪽. 그는 웩슬러가 강연 내용을: Fleming, "A 1954 Color Painting."

94쪽. "지구의 움직임과 연동되어 … 소용돌이": Harry Wexler, "Meteorology in the International Geophysical Year," *Scientific Monthly* 84 (1957).

94쪽. "기상학은 이처럼 전 지구적인 성격이 … 나오기 마련이다.": Wexler, "The Satellite and Meteorology."

94쪽. 웩슬러는 1962년 51세의 나이에: Fleming, *Inventing Atmospheric Science*, 189.

95쪽. 아침 식탁 크기에다 성인 남성 무게인: Janice Hill, *Weather from Above: America's Meteorological Satellites* (Washington, D.C.: Smithsonian Institution Press, 1991), 11.

96쪽. "휘어져 있다는 걸 알고 나면 … 않습니다.": Richard Witkin, "Vast Gains Seen for Forecasting," *New York Times*, April 1, 1960.

98쪽. "비에 섞여 내립니다.": Michael O'Brien, *John F. Kennedy: A Biography* (New York: Thomas Dunne, 2005), 894.

99쪽. 우주비행사 유리 가가린을 지구 궤도에 올렸다: Edwards, *A Vast Machine*, 222.

100쪽. 위스너는 노르웨이 기상학자 스베레 페테르센: Fleming, *Inventing Atmospheric Science*, 207.

102쪽. "진정으로 전 지구적인 정보를 … 시스템": Edwards, *A Vast Machine*, 242.

103쪽. 1975년이 되자, 전 세계의 백 군데 기상청이: Charles H. Vermillion and John C. Kamowski, "Weather Satellite Picture Receiving Stations, APT Digital Scan Converter," NASA Report TN D-7994, May 1975.

103쪽. 주권과 영토에 대한: Callahan, "Satellite Meteorology in the Cold War Era," 3.

5장: 둘러보기

다행히 나는 취재 과정에서 일찍이 EUMETSAT 기후 심포지엄에 참석한 적이 있는데, 덕분에 기상 위성의 폭넓은 상태를 탄탄하게 이해할 수 있었다. EUMETSAT에서는 케네스 홀문드(Kenneth Holmund), 위베스 불러(Yves Buhler), 니코 펠트만(Nico Feldmann) 그리고 발레리 바르트만(Valerie Barthmann)이 그들의 감탄스러운 시스템을 내가 이해할 수 있도록 투명하고 적극적으로 나를 도와주었다. 틸만 모르(Tillmann Mohr)가 여러 기상 위성들을 통한 광범위한 기상 관측에 대해 역사적으로 통찰하고 치열하게 옹호해준 내용은 내 생각을 정리하는 데 매우 중요했다.

106쪽. 중첩된 눈들의 집단: Tillmann Mohr, "The Global Satellite Observing System: A Success Story," WMO Bulletin vol. 59(1), January 2010.

6장: 발사

감사하게도 MIT의 다라 엔테카비는 나의 질문에 답을 해주고 SMAP의 발전 과정의 각 단계에 내가 꾸준히 관심을 가지도록 북돋웠다. 그리고 패서디나의 제트추진연구소에서 앨런 뷔스(Alan Buis), 샘 터먼과 사이먼 웨(Simon Yueh)는 나를 데리고 다니며 우주선을 속속들이 알려주었다. 반덴버그 공군기지에서는 티로나 로슨(Tyrona Lawson)과 조지 딜러(George Diller) 덕분에 발사 전날 행사에 참여할 수 있었다.

121쪽. "아버지의 서재에서 타자기 두드리는 소리": Jack Bjerknes, "Half a Century of Change in the 'Meteorological Scene,'" *Bulletin of the American Meteorological Society* 45 (1964).

127쪽. 초보적인 유도 미사일을 개발해냈다: "Jet Propulsion Laboratory," NASA Facts, https://www.jpl.nasa.gov/news/fact_sheets/jpl.pdf.

132쪽. "코페르니쿠스적 혁명": As quoted in Stephen Graham, *Vertical: The City from Satellites to Bunkers* (London: Verso, 2016), 29.

7장: 산꼭대기

지금까지 이 책의 최대 과제는 날씨 기계의 중심부에 있는 날씨 모형을 이해하는 것이었다. 이 과제는 모형을 운영하는 이들의 관대함과 포용성 덕분에 한결 수월하게 진행할 수 있었다. 나는 볼더에 있는 미국 국립기상연구센터의 연례 WRF 사용자 워크숍에 참여한 것이 계기가 되어 이 주제에 입문할 수 있었다. 특히 나와 대화를 나눠준 조 클렘프(Joe Klemp), 조지 브라이언(George Bryan), 그레그 톰슨(Greg Thompson), 크리스 데이비스(Chris Davis), 리치 로프트(Rich Loft) 그리고 제프리 앤더슨에게 감사한다. 미국 국립환경예측센터의 헨드릭 톨먼(Hendrik Tolman), 도이처 베터딘스트(Deutscher Wetterdienst)의 롤란트 포타스트(Roland Potthast) 그리고 영국 기상청의 데이비드 월터스(David Walters), 앤드루 로렌스(Andrew Lorenc) 그리고 로저 손더스(Roger Saunders)의 도움 덕분에 모형을 이해하게 되었고 아울러 모형이 어떻게 전 지구적 관측 시스템에 들어맞게 되었는지 이해하게 되었다.

144쪽. "하늘은 말 그대로 한계입니다.": Stuart W. Leslie, " 'A Different Kind of Beauty': Scientific and Architectural Style in I. M. Pei's Mesa Laboratory and Louis Kahn's Salk Institute," *Hist. Stud. Nat. Sci.* 38.2 (2008): 173–221.

144쪽. "검소하고 금욕적이면서도 쾌적해야": Lucy Warner, *The National Center for Atmospheric Research: An Architectural Masterpiece* (Boulder: University Corporation for Atmospheric Research, 1985), 13.

8장: 유로

유럽중기기상예보센터는 나의 기상 탐험에 영감을 준 곳이었다. 거기서 내가 보낸 시간은 그 탐험의 정점이었다. 고맙게도 딕 디(Dick Dee)와 에이드리언 사이넌스는 나의 방문이 성공할 수 있도록 많은 노력을 기울여주었으며 레딩에 갔을 때도 따뜻이 환대해주었다. 그 두 분과 더불어 피터 바우어, 팀 휴슨, 플로랑스 라비에, 앨런 소프 그리고 팀 파머는 세상에서 가장 훌륭한 분들이다. 그분들이 유럽중기기상예보센터의 복잡하고 중요한 시스템을 많은 시간을 내서 설명해준 것에 대단히 감사드린다.

158쪽. 1960년대에 유럽연합의 출범과 함께 등장: Austin Woods, *Medium-Range Weather Prediction: The European Approach* (New York: Springer, 2006), 21.

159쪽. 999년 동안 토지를 임대했는데: *Ibid.*, 13.

160쪽. 유럽중기기상예보센터의 과학자들은 미래에서 하루를 더 짜냈다: P. Bauer, A. Thorpe, and G. Brunet, "The Quiet Revolution of Numerical Weather Prediction," *Nature* 525.7567 (2015), https://doi.org/10.1038/nature14956.

9장: 앱

웨더컴퍼니 시스템이 다루는 범위는 놀라웠다. 피터 넬리와 그의 팀원들이 기꺼이 회사의 시스템을 소개해준 것에 감사드린다. 특히 유용한 배경지식을 알려준 리 암스트롱(Lea Armstrong)과 짐 리드르바우크 그리고 캠벨 왓슨(Campbell Watson)에게 감사드린다. 《파퓰러 사이언스》의 조 브라운(Joe Brown)과 수전 머코(Susan Murcko)가 이 장에 나온 보도 내용을 지원해주었는데, 그중 일부는 나의 다음 기사를 수정한 것이다. "This forecast brought to you by math"(*Popular Science*, July/August 2017). 제프 매스터스는 전설적인 인물로서, 그가 알려주는 웨더언더그라운드의 탄생 역사를 들을 수 있어서 감격스러웠다.

187쪽. 이 사이트는 금세 인터넷 상에서 핫한 곳이 되었다: Jeff Masters, "The Weather Underground Experience: 1991–2012," https://slideplayer.com/slide/219226/.

10장: 좋은 예보

날씨 예보, 특히 미국에서의 날씨 예보에 관해 논쟁적인 순간이었다. 나와 사려 깊은 대화를 나누어준 케니 블루먼펠드(Kenny Blumenfeld), 밥 헨슨(Bob Henson) 그리고 이브 그룬트페스트(Eve Gruntfest)에 감사드린다. 이 프로젝트 초기부터 앤드루 프리드먼(Andrew Freedman), 에릭 홀트하우스(Eric Holthaus) 그리고 제이슨 사머나우(Jason Samenow)는 전부 내게 격려를 아끼지 않았는데, 나는 그들의 명민한 언론 활동에 큰 은혜를 입었다. 루이스 우첼리니, 라이언 한라한 그리고 댄 새터필트(Dan Satterfield)는 저마다 인간 예보자의 역할이 어떻게 바뀌고 있는지에 관해 중요한 통찰을 전해주었다.

204쪽. "예보에는 내재 가치가 없다.": Allan H. Murphy, "What Is a Good Forecast? An Essay on the Nature of Goodness in Weather Forecasting," *American Meteorological Society* 8 (June 1993).

11장: 날씨 외교관들

WMO와 회의가 어떻게 운영되는지를 이해하는 데는 머조리 맥귀크(Marjorie McGuirk)와 캐나다 기상청의 브루스 앵글(Bruce Angle)이 처음에 훌륭하게 안내를 해준 덕분에, 나는 올바른 방향을 잡고 관련 내용을 소개받을 수 있었다. 아울러 미국 기상청의 커트니 드래건(Courtney Draggon)과 로라 퍼지오니(Laura Furgione), 영국 기상청의 브루스 트루스콧(Bruce Truscott)과 앤디 브라운 그리고 호주 기상청의 존 질먼에게 감사드린다.

210쪽. 스파호크네 가게(Sparhawk's)에서 사두었다: Susan Solomon, John S. Daniel and Daniel L. Druckenbrod, "Revolutionary Minds," *American Scientist* 95 (2007).

211쪽. "여기서 마땅한 집을 찾기가 어렵구나": Thomas Jefferson to Martha Jefferson Randolph, April 4, 1790, https://founders.archives.gov/documents/Jefferson/01-16-02-0172.

211쪽. "임대한 새 집에 … 두 기후를 비교하고 싶네": Thomas Jefferson to Thomas Mann Randolph, Jr., April 18, 1790, https://founders.archives.gov/documents/Jefferson/01-16-02-0202.

211쪽. 제퍼슨은 기술적인 문제들을 스스로 해결해나갔다: Solomon, Daniel and Druckenbrod, "Revolutionary Minds."

212쪽. 신생국 전역에 걸친 광범위한 관측 시스템을 고찰했다: Edwin T. Martin, *Thomas Jefferson: Scientist* (New York: Collier Books, 1961), 124.

222쪽. "이제껏 고안된 것 중에서 가장 성공적인 국제적 시스템": John W. Zillman, "Fifty Years of World Weather Watch: Origin, Implementation, Achievement, Challenge," *Bulletin of the Australian Meteographic and Oceanographic Society* 26 (2015).

날씨기계

2022년 8월 31일 1판 1쇄 발행

지은이 앤드루 블룸
옮긴이 노태복
펴낸이 박래선
펴낸곳 에이도스출판사
출판신고 제395-251002011000004호
주소 경기도 고양시 덕양구 삼원로 83, 광양프런티어밸리 1209호
팩스 0303-3444-4479
이메일 eidospub.co@gmail.com
페이스북 facebook.com/eidospublishing
인스타그램 instagram.com/eidos_book
블로그 https://eidospub.blog.me/
표지 디자인 공중정원
본문 디자인 김경주

ISBN 979-11-85415-50-5 03450